善，了無私心。

你在心中描繪怎樣的藍圖，決定你將度過怎樣的人生！

「心想事成」是宇宙不變的法則。

經營之聖
稻盛和夫

比雅久和　編著

前言

所謂「經營之道就是：動機良善，了無私心。」

經營之聖稻盛和夫（一九三二年1月21日～二〇二二年8月24日），他是戰後日本白手起家最著名的企業家，除了創辦京瓷（KYOCERA）、第二電電（KDDI）旗下還有數百家子公司遍佈全球，與創造松下Panasonic的「經營之神」松下幸之助、SONY索尼的盛田昭夫、HONDA本田技研工業的本田宗一郎合稱「經營四聖」。

稻盛和夫出生於有活火山「櫻島」地標的鹿兒島，是典型的九州男兒——熱情豪邁的硬漢、正義感強烈、重情義、性急、行動派，單純木納、良善正直、不服輸的個

性。他從小崇拜同鄉的西鄉隆盛，尊他為精神偶像。（西鄉隆盛是明治維新的最大功臣，卻又在一八七七年成為叛軍首領，戰敗而死，成為反賊、叛國賊。但明治二十二年，一八八九年，日本頒布憲法，他被大赦，撤銷判亂罪名，恢復名譽，並被追贈國正三位。二〇〇三年華納電影公司的《末代武士》，就是以他為主角，由湯姆克魯斯、渡邊謙、真田廣之等大卡司領銜主演。）

稻盛和夫認為「人生一切都始於『心』。一個人能力固然很重要，但扭轉人生的卻是「思維方式」。他還認為：人生存在著一個方程式，即「人生·工作結果＝維思維方式×熱情×能力。」

能力是與生俱來的資質，包括智商及運動神經等。能力可以換而言之為智力或才能，用分值表示的話，其取值區間是0～100分。

熱情指對待工作的熱忱或對待人生的認真態度。熱情可以換而言之為努力，與能力相同，其取值區間也是0～100分，但與能力不同的是，能力是與生俱來的，而熱情可以通過自己的意志來改變分值。

過去には感謝を
現在には信頼を
未来には希望を

思維方式是一種心態，是為人的一種人生態度。思維方式可以換而言之為信念或人生觀，用分值表示的話，其取值區間是-100～100分之間。

上述三者之中，最重要的是思維方式。不論熱情和能力的分值多高，如果思維方式為負數，人生則不會有好的結果，來之不易的熱情和能力都會付諸東流。

歸根結底，思維方式決定人生。無論多麼才華橫溢，如果居心不良，人生必會黯淡無光。如果為了實現目的不惜傷害別人，即使出發點是正確的，也會因為思維方式是負數而與幸福失之交臂。

《經營之聖稻盛和夫》並不是一部權威性的經營寶典，或是武林成功秘笈，它是描繪一個凡夫俗子，也可以憑藉「思維方式×熱情×能力＝人生」的方式，來完成自己一生追求的志業。所以，它沒有教條式的鋼鐵定律，它所表達的反而是企業戰士也可以展現出溫柔的力量，而且這份力量更是不容忽視，也不會「剛則易折」，反而是「柔則長存」。一個真正聰明的人，就要像洛克菲勒所說的「隱藏住你的聰明」。所以——強勢的人未必是強者！稻盛和夫也說：「人很奇怪，一旦被逼到進退維谷的境

地，反倒想開了，輕鬆了——當自己改變心態的瞬間，人生就出現了轉機！」

稻盛和夫有一次在「盛和塾」的課堂上說：「越窮的人往往越大方，窮人都是小心翼翼的大方，而富人卻是大大方方的小氣！例如：窮人在時間上大方（沒有時間觀念），窮人在人面前花錢大方（死要面子），窮人在高談闊論中大方（不知所云或言之無物），窮人常出爾反爾、裝腔作勢表現大方（輕諾寡言或言而無信）……」

因此，本書所要傳達一個重要信息：

人與人之間最大的差距，不是情商，不是智商，而是思維方式。沒有富人思維，再努力也是窮人；沒有上層的思維，再辛苦也是在底層；思維創造了你的高度、思維也開拓了你的深度。所以，我們終其一生，都在跟自己的思維作戰。

稻盛和夫在他的一生中，最重要的哲學就是勉勵自己——

當你的思維方式改變了，人生也就會隨之改變！所以說：思維決定格局，格局決定命運！

目錄

過去には感謝を
現在には信頼を
未来には希望を

過去には感謝を
現在には信頼を
未来には希望を

第一章

平凡之子

在日本二次大戰後創造「日本經濟奇蹟」的四個男人，在企業界素有被稱為「經營之聖」的美譽，而這個名稱卻來自於國外用「經營四聖」對他們的讚歎，他們是——

松下 Panasonic 松下幸之助（一八九四～一九八九年）

本田 HONDA 本田宗一郎（一九〇六～一九九一年）

索尼 SONY 盛田昭夫（一九二一～一九九九年）

京瓷 KYCERA 稻盛和夫（一九三二～二〇二二年）

1．愛哭鬼

「稻盛」這個姓氏在日本較少見，而在九州鹿兒島的藥師町，也只有稻盛畩市這一家人了。藥師町位於鹿兒島市中部的城山山腳下甲突川的河畔，現今已改名為城西町，城山是明治維新時代大豪傑西鄉隆盛戰死的地方，因此這地方的人都很尊敬他，同時也因為這位英雄人物的種種豐功偉業而倍感光榮！

一九三二年一月二十一日（昭和七年）稻盛和夫就誕生在此，而他的戶口登記是一月三十日，以前的人，對正確日期比較散漫，除了忙碌，也有人說先養幾天、養活了再去報戶口就可以了！

稻盛和夫是父親畩市、母親紀美的次子，他有個哥哥，還有兩個弟弟、三個妹妹，家裡共有九口人，他兒時的記憶總是與淚水相伴，因為他是一個愛哭鬼，總是拽著母親的衣角寸步不離。當母親忙於家務把他扔在一邊時，他立即就會哭出聲來。因為哭也沒人理，就更起勁地哭，總是沒完沒了的。有時還會一腳將室內的紙隔門踢個

洞，那時紀美就真的生氣了，就罵他兩句、打他一下，和夫知道母親這下子真的生氣了，就更放肆地大哭特哭，而這種戲碼每天都會上演。他說——

據說母親經常抱怨：「這孩子一哭起來，三個小時也停不下來。」大我三歲的哥哥利則是個乖孩子，從不讓父母操心。可在我身上卻要花上雙倍的工夫。哭累了，我就鑽到桌子底下，仔細看那些木紋，那曲線時而變成海，時而變成山，時而又如翻滾的波浪，當時幻想的光景，至今還會浮現。

另一個留在我記憶裡的就是，電動馬達發出的克隆克隆的聲音。父親原先在一家印刷廠工作，由於工作認真，被經常來廠的一位紙張批發商所賞識。他出讓給我父親一台二手印刷機，於是父親就將家裡的偏屋改造成印刷車間，開始了獨立經營，我就是在那時出生的。

稻盛畩市做事仔細周到，為按期交貨不惜通宵達旦，對所給的工錢沒有半句不滿。因此，那個批發商就更加器重畩市，有次又運來了自動製袋機，並說：「機器的錢過幾年再付也行，我再給你介紹買家。」條件雖好，可是據說畩市以沒錢為由，遲遲不肯允諾。「技術不錯，但欲望實在太低了」，這是大家對他的評價。

因為是這附近唯一的小工廠，所以附近的阿姨們常常會來稻盛家幫忙。經常會工作到很晚，大家會像一家人一樣熱鬧地圍桌吃飯。母親紀美除了家務以外，還要負責這些阿姨們分配工作。紀美性格開朗，與沉默寡言、職人氣質的畩市形成了鮮明的對比。如果稻盛家的孩子在外面打架受傷回來，紀美會塞給他們一把掃帚，把他們趕出去，說道：「報了仇再回來！」雖說鹿兒島盛行大男子主義，但只是表面上給丈夫面子，而實權往往掌握在妻子手裡的家庭也很多，稻盛家就是這樣的典型。

當稻盛畩市掛起了「稻盛調進堂」的招牌後，可以說生意興隆。但由於加工費低廉，所以賺頭也不大。不過對畩市來說，只要能養活家人：也就很滿足了。畩市認為，與其做大生意，不如腳踏實地。這是他的優點。這個印刷生意利潤不高，但卻很繁忙，周日也無法休息，機器從早到晚轟鳴不止。

偶爾休假，有時一家人會去櫻島採摘枇杷。當時，櫻島的山上滿是成片的枇杷樹。小孩子們先是塞飽肚子，然後再裝滿背包，滿載而歸。盂蘭盆節和新年時，畩市

也會帶一會人去泡溫泉，地點是位於甲突川上游的河頭溫泉。畩市每次一說起「河頭」，孩子們就會歡呼雀躍，因為每次都能吃上壽喜燒，這也是稻盛家唯一的奢侈！

和夫平時的玩伴主要就是哥哥，他經常提著桶子跟利則去甲突川抓魚。利則不停地用漁網撈起鯽魚和蝦，其他孩子會用羨慕的目光朝他們的桶裡看。和夫雖然一條也沒抓到，可也得意揚揚。把小蝦連皮帶殼加上鹽、糖等調料在鍋裡一煮，這成為小孩子的零食了。

到了夏天，小男孩就只穿一塊兜襠布在河中游泳，河水清澈，仰頭便可看見被鬱鬱蔥蔥的樹林所覆蓋的城山。有著茂密樹林的自然環境，讓人感覺不到是身處城市之中。

後來，稻盛和夫曾說——

> 在回憶自己的童年和父母時，我突然想到一個問題——自己像誰呢？父親是一個小心謹慎之人。在戰後的混亂時期，母親希望父親能像以前一樣重開印刷廠。可是這樣的話，就不得不大量舉債購買印刷機器。謹小慎微的父親絲毫沒有

借錢的打算，所以無論母親如何勸說，父親也不肯點頭。母親當時一定是非常焦急。在企業經營上，我也是事事謹慎，將無貸款經營視為信條，在這一點上似乎是相當多地遺傳了父親的性格吧。而母親總是樂觀開朗的。毫無疑問，這一點也讓我繼承了。無論身處何種逆境，我從不氣餒，從不放棄希望。這樣的性格自然是遺傳了母親。

2．孩子王

一九三八年（昭和十三年）的春天，稻盛家愛哭的小鬼也要去上小學了。開學那天，紀美帶和夫來到離家很近的西田小學參加入學典禮。典禮束後，分完班，學生們走進各自的教室，坐到了自己的座位上。到這裡為止一切都很順利，但老師的開場白告一段落後，說了句：「各位家長，請你們回去吧！」一聽到這句話，和夫的腦中霎時一片空白。一想到母親要拋下他而回去，馬上就淚如泉湧。結果他母親想回也回不

去，只能一個人站在教室後面，一直等到放學。「那麼丟人的事，從沒有過！」紀美後來還經常提起這件事。

之後的一段時間裡，家裡人為了將不願上學的和夫送去學校，可謂大費周折。據說那時哥哥利則、母親，還有住在一起的叔叔輪流哄他去上學，有時甚至還要用自行車拉著哭鬧的他去學校。可是如此怕上學的和夫，一年後竟然成了成績全優的優等生。這讓他的父母都吃驚不已，紀美喜出望外地逢人就說：「我們家和夫全都是甲，這麼棒的孩子，親戚中從來沒有過！」

但好事也就到此為止。如果大家誇小和夫聰明，小和夫本人也認為自己肯用功的話，或許就會成為真正的優等生。畩市和紀美從不督促孩子們「用功讀書」，他們家也沒有什麼書。有的同學家裡書架中擺著一大排文學全集之類的書。有一天，和夫問父親：「為什麼我家沒有書？」父親的回答竟然是：「書能當飯吃嗎？」

父母勤奮又耿直，但稻盛家裡卻出了一個異類，那就是畩市的弟弟兼一叔叔。兼一幫助畩市做印刷和銷售方面的工作，但他與哥哥個性截然相反，屬於時尚青年，孩子們都喜歡他。一到星期天，叔叔就會說：「喂，和夫，咱們去看電影吧！」說得誇張一點，和夫是通過兼一叔叔，才開始接觸到外面的文化的。

昭和初期，少年們憧憬的是軍人，大家聚集在一起時，玩的都是打仗遊戲。特別是薩摩，素有尚武的風氣，西田小學的治校格言就是「強、正、美」。在和一幫頑童打鬧玩耍中，和夫總算徹底告別了童稚時代的眼淚，但同時也慢慢疏遠了學業。

膽小鬼變得不再膽膽小了，這也得益於鹿兒島獨特的「鄉中教育」的鍛煉。鄉中教育原本是在武士子弟的私塾中使用的教育方法。明治以後各個地區將其保留下來，由學長來訓練低年級中小學生，鍛煉他們的身心。在薩摩藩流傳的劍道「示現流派」就是這樣進行武術訓練的。

在不知不覺中，和夫萌生了一種想法：成為人上人，才叫男子漢。差遣他人會產生快感——這就是孩子王的覺醒。和夫常把小伙伴們劃分成敵我兩方，讓這人當偵察員，讓那人扮傳令兵。打仗光講蠻力不行，氣勢、魄力也很重要。用青草編成勳章獎勵部下，有吃的與大家分享。雖然充其量，和夫不過是一個中小圈子裡的小頭目，但如何掌控團隊，也會讓人頗費心思。

和夫後來回憶說——

我生性本來非常膽小，上小學時，剛開始如果沒有母親的陪同，絕對不肯一個人去學校。但是隨著二年級、三年級不斷升級，也就完全習慣了學校，甚至有了一群像跟班一樣的朋友，漸漸成為了學校裡面的「孩子王」。

但是作為小朋友裡的「孩子王」，如果我稍微顯示出了一丁點兒的膽怯，立刻就會被跟著自己的小朋友們拋棄。所以儘管我天生膽小，卻又必須硬著頭皮去參加一些毫無勝算的打架鬥毆。並且還經常要鼓足勇氣去挑戰其他一些厲害角色。現在回想起來，在那個時候，我就已經在玩耍的同時逐漸地掌握到了一些如何率領團隊的技巧。

當時我們班上有一個總是受到其他同學欺負排擠的小朋友。那個小朋友一定是認為只要能夠贏得我的青睞的話，就能夠和我們大家一起玩耍。有一天他跑來對我說：「我有50錢的銀幣。」那個時候，我每天只有一錢的零花錢，因此50錢對我而言，無疑是一筆鉅資。

但我不相信一個小孩子會有那麼多的錢，因此根本不以為然。但是他卻總是跑來向我提及他手裡的50錢銀幣。於是，我問他：「你到底是不是真的有這麼多錢？」他回道：「當然是這樣的。」他告訴我：「因為這是奶奶給我的錢，所以稻盛你要是願意的話，也可以隨便花。」之後，我就讓他把錢拿來給我。數日後，那個小朋友果然拿了銀幣來給我，我再次向他確認：「我真的可以拿來用嗎？」他答道：「當然可以。」

於是，我毫不猶豫地拿銀幣全部去買了糕點，與小朋友們共同分享。由於是生平第一次像一個大老闆似的花這麼大一筆錢，因此我心裡感到非常得意。

可是，等我第二天去上學時，卻遇到了那個小朋友的母親。我被叫到老師辦公室，老師不分青紅皂白，先把我訓斥了一番。原來那50錢的銀幣是那個小朋友偷偷從他母親錢包裡拿的。不過，他現在卻對老師和母親撒謊說道：「是稻盛威脅我偷的，如果不聽他的話，就會被欺負，所以我實在是沒有辦法才被逼無奈偷拿的。」因為我曾經反覆向那個小朋友確認過錢是他自己的，所以這個時候我依然堅稱：「自己沒有做錯任何事情。」可是最終卻仍然背了黑鍋。

當時有過這麼一件事。班裡有一位從台灣回來的學生，頭頂上有塊一文錢大小的

禿斑（俗稱鬼剃頭），大家經常取笑他，和夫覺得他很可憐，便總護著他，於是，他就成了和夫的「小弟」。他家有一顆很大的柿子樹，到了秋天，他邀請和夫說：「我爺爺曉得稲盛君對我好，說可以叫稲盛他們來摘柿子。」但他家太遠，大夥兒又忙著玩打仗遊戲，所以也沒人搭理他。不過，他又熱心地邀請了和夫老大。

後來，和夫就動了心。但他卻說：「今天爺爺不在家，不方便去。」改天和夫提醒他，他又推卻說：「今天也不行。」反覆幾次後，有一天和夫對他說：「反正你爺爺同意我們去摘，他不在家也沒關係啊！」於是，和夫帶著小弟們蜂擁而至。一夥小鬼們就如此把他家院子裡的柿子摘了個精光。

傍晚他爺爺回到家，一看樹上光禿禿的，自己鍾愛的柿子全都不翼而飛，生氣極了。第二天，他怒氣沖沖趕到學校說：「聽我孫子說了，稲盛這小子，明明告訴他不行，他偏偏擅自來摘，太不像話了！」但這對和夫而言，實在很冤枉！

這是個沉痛的教訓，讓他懂得了不能隨便聽信別人的話。一個人嘴上說可以未必真的可以。不能單單憑語言本身做出判斷，還要看說話人的人品。這種哲學性的道理，在當孩子王的經驗中，和夫已經有所領悟了。

3．嫉妒心

儘管當時和夫是個小霸王，但卻也沒作惡多端，欺負其他小朋友。但是當他上六年級時，卻終於做出了一件足以稱得上是「欺負人」的事情。

每當新學年開學時，當時的小學導師都要定期進行家訪。老師都是由預定家訪家庭的學生帶著，從離學校最近的家庭開始，逐家進行。對於那些經營著小買賣的家庭，由於學生母親一般都要忙著照顧店鋪生意，因此老師頂多也就是站在店鋪門口，和這些家長說幾句就走。而對於那些稍微富裕些的家庭，老師則會受到邀約，到家裡多坐一會兒，因為稻盛家離學校最遠，就需要一直在門口等候老師到來。

但是，這一次老師在進了稻盛家附近一個小朋友的家後，卻左等右等怎麼都不出來。當時和夫一心只想早點完事後好外出玩耍，可是左顧右盼，卻一直不見老師的蹤影。情急之下他就托小朋友去那家打探，結果得到的報告是，老師正和那家的女主人圍坐在桌子旁，一邊閒情逸致地品嘗糕點，一邊興致勃勃地聊天。等到他們談話結

束，那家女主人把老師送到門口時，和夫才看到與他母親截然不同的女性，那家女主人打扮得非常漂亮時髦。

由於老師在那家耽擱一個多小時，把時間都花得差不多了，因此他來到和夫家時，就只在門口，對著等待已久的母親三言兩語說了幾句，轉身就走了。

老師在一個學生家裡聊了一個多小時，在另一個學生家卻沒說幾句話就走人。這件事觸動了和夫幼小的心靈，讓他覺得，「作為一個老師，這樣做非常不公平！」

翌日，到學校和夫特別仔細觀察發現，老師對於那家的小孩確實有些另眼相待。比如在上課時，當老師問道：「還有不明白的同學請舉手」，只要那一家的孩子舉手，老師就會走到他的桌旁，給予親切認真的指導。

可是，當他們這些搗蛋鬼，有什麼不明白的地方，一起舉手詢問時，卻只會被老師訓斥：「你們這些傢伙壓根兒就沒認真學習，所以不知道是理所當然的事。」根本就不會幫助他們解答。

出於對老師這種偏心眼的不滿，作為報復，他們這些搗蛋鬼們開始欺負叫鎌田那家的孩子。

有一次，他們當中的一個人用拍子把那個小孩的臉打出了一道小口子。在此之前，雖然那個小孩子也經常遭到眾人的欺負，但是害怕如果向父母或者老師告狀，會遭到更多的報復，他就一直沒敢告訴家長和老師。

可是，這一次，臉上的傷口再也藏不住了，回到家之後，在他母親的再三詢問之下，他把之前受到的委屈和欺負全部都抖了出來。

第二天一早，和夫上學時，發現氣氛有點不對。平時一見立馬就會圍過來的小朋友們全都消失了。並且過了上課時間教室裡也不見老師的身影。正當和夫感覺事情有些不妙時，他被再次叫到了老師辦公室，在那裡，和他一夥的小朋友們都站成一排正接受老師的質問。讓他十分震驚的是，他們都異口同聲地說：「是稻盛指使我們大家一起做的。」結果和夫免不掉又一次遭到老師的痛罵：

「你這傢伙為什麼要欺負同學！」

「因為老師偏心啊！」

於是，他就一口氣把老師家訪的事情，還有在教室裡上課時的偏心態度，一股腦地全吐了出來。

可是，他話沒說完，老師的拳頭就揮了過來，不光是皮肉之苦，老師憤怒的表情更是駭人。但和夫自始至終堅信並沒有做錯任何事，錯的是老師，因此儘管身體有些退縮，但他的眼神沒有流露出絲毫的怯弱。或許這種堅定的眼神進一步刺激了老師，當他把和夫打倒在地後，又拽著衣領子把他拎了起來，連扇了幾個耳光。

當時在鹿兒島，想要與長輩或者上級爭論，是會被制止，接受懲罰的，而且這被認為是天經地義的事情。但和夫卻全然不顧，仍然一副正義凜然的表情，不服氣地怒視著老師。

最後，他的母親被叫到學校，老師對著誠惶誠恐的母親傾瀉了一大堆和夫的不是之後，還進一步狠狠地說：

「太太，稻盛是我們學校有史以來最糟糕的學生，我真不打算讓這樣一個頑劣之徒畢業。雖然他本人一直在說想要升入第一中學，但那是根本不可能的。並且以他現在這個樣子，也沒有哪家中學會要他。」

被老師這麼一說，和夫頓時有如五雷轟頂。並且正如老師所宣告的，後來他在小學最後一年得到的是非常糟糕的成績。那一天，直到黃昏之後老師才允許他回家，垂頭喪氣的他，一邊和母親躑躅在回家的路上，一邊已經在心中作好心理準備，準備迎接父親的一頓訓斥了！

一般而言，晚飯時間對大家來說是一天中最快樂的時刻。但是那天他卻一直躲避著父親的視線。他只是在一旁低著頭，默默地聽著母親低聲向父親彙報今天發生在學校的事情。

終於，父親緩緩地開口問和夫：

「你幹嗎要做這些壞事？」

於是，他向父親解釋了老師的不公和偏心眼，並且越說越激動。

一直默然傾聽的父親又開口道：

「你認為自己是正確的？」

「對！」

「哦，那就這樣吧。」

自那以後，對於這件事，父親再也沒對他提過半個字。

和夫以前就一直認為父親是一個憨厚老實的人，經過這件事更加深切地體會到父親寬廣的心胸。自己那微不足道的正義感竟然能夠得到父親的認可，對此讓他感到無比欣慰。也正是通過這次的經歷，和夫更堅信，正確的事情必然會得到認同。

4．肺結核

一九四四年（昭和十九年）的春天，從鹿兒島市立西田小學畢業的日子臨近了。和夫毫不猶豫地報官考了名校鹿兒島一中。雖然成績幾乎都是乙，可和夫仍然覺得自己可以考上。班裡中等以上的同學大都填報志願報考一中，身為「孩子王」的和夫自然更要表現出當仁不讓。

但是，和夫心裡有種不祥的預感：上次沖撞老師，受到鐵拳懲罰時，老師就說：「你這小子絕對上不了一中！成績不行，評語也好不了！」預感不幸應驗了。沒辦法，和夫只好進了尋常高等小學。因為心裡只有一中，其他中學連想也沒想過。升學失敗讓從未經驗過的苦楚襲上心來。不久前還是自己手下的那些小嘍囉，還有那些讓人討厭的公子哥兒，他們竟然都穿著一中校服，一個個神氣活現，招搖過市。

人若泄了氣，病菌便會乘虛而入。那年年底，在中國東北當員警的兼一叔叔臨時回來。和夫睡在他身旁，被他帶回的蝨子叮咬，導致發燒，臥床不起。「要是肺結核就糟了！」母親的直覺使紀美敏感地察覺出和夫的症狀非比尋常，急忙帶他去看醫生。

稻盛家常去的是位於附近的草牟田的植村醫院。小時候，只要稻盛一發燒，他就會被父母帶過去。往常步行過去只要十分鐘左右，那次他的身體虛弱，竟感覺比平時遠了好幾倍。

植村大夫將聽診器放在稻盛胸前，臉色頓時一暗。他小聲嘟噥：「可能是結核病……」紀美聽了，臉色「唰」的一下變得蒼白。戰後，在特效藥青黴素普及之前，結核病是不治之症，因此被稱為「亡國病」。

為了保險起見，母親紀美又帶著稻盛去了鹿兒島市內的大醫院拍了X光，診斷的結果為浸潤型肺結核。這是一種初期的結核病。雖然這一結果讓紀美大受打擊，但她並不感到特別意外，因為那時稻盛家被鄰居稱為「結核病之家」。

畩市的另一個弟弟市助住在家裡的另一棟屋子裡，於一九四一年10月因結核病不治身亡。他懷著遺腹子的妻子也是因為得了結核病，原本身體就虛弱，生完孩子後更是雪上加霜，僅僅過了兩個月就追隨丈夫而去。

悲劇到此還沒有結束。畩市最小的弟弟兼雄開始咯血了。糧食供給的不足，使兼雄一天比一天虛弱。他臉色蒼白，在家中院子裡連站也站不穩。

此時的稻盛雖然只有12歲，卻早早地意識到了「死亡」。母親讓稻盛住進家裡採光和通風條件最好的那個有八個榻榻米大的房間，為他準備了特別有營養的食品，讓他休養。病情時好時壞，眼看考試迫在眉睫，稻盛心裡十分著急。

有一天，隔壁鄰居家的女主人隔著院子的籬笆牆跟稻盛搭話：「和夫，這本書雖然有點兒難，但你讀讀看！」

她是一個林田大客車司機的妻子，丈夫叫長野。她有一張橢圓形的臉，特別適合穿和服。她既年輕又漂亮，心地也好，稻盛家的孩子們都喜歡她。

她遞給稻盛的是「生長之家」的教主谷口雅春寫的《生命的實相》。據稻盛說那是一本黑皮封面的精裝書。

在極度不安和恐慌情緒下，稻盛猶如抓到了一根救命稻草，如饑似渴地讀了起來。他留意到了書上這樣一句話：「我們每個人心裡都有一塊磁石，它會吸引周圍的刀槍、災難、疾病、失業等災禍。」

雖然還只是孩子，但稻盛也深有體會。叔叔身患結核病住在小屋時，因為害怕傳染，每次經過，總是捂著鼻子快速跑過。父親也曾告誡他說：「會傳染的，你不要從那兒過了！」他自己也借來醫學書看，瞭解到結核菌是通過空氣傳播的，所以想捏著鼻子跑過，這就是小孩子的想法。可是在跑步經過時，總是憋不住氣，手不得不鬆開，結果由於憋得太難受，反而會忍不住深呼吸。但哥哥利則卻不以為然，說哪會那麼容易傳染上，而父親更是一直在叔叔身邊悉心照料。

眼看叔叔不行了，父親對母親說：「你不要再照看弟弟了，我一個人來吧，你不要再去偏房。」在結核病末期，結核菌異常增多。父親明知如此，照樣護理病人。儘管這麼做，父親也沒事兒，哥哥對結核病毫不介意也平安無事。只有和夫，比誰都格外在意，結果卻染上了。一心想逃避結核病的和夫反而遭此災禍。

這說明，一顆恐懼結核病的心靈會喚來災難，難道不是嗎？和夫想，僅看這個事實，就說明谷口先生所言真實不虛。哪怕自己染上結核病，也要照顧弟弟到最後，父親的這種獻身精神，這對親人的愛，是多麼尊貴！他不讓與弟弟沒有血緣關係的妻子靠近，一切危險都由自己一力承擔，下這樣的決心，是做好了死亡準備的。被這樣的大愛所包圍的父親，連結核菌也不能侵害。和夫雖然還是個孩子，卻如此猛然反省了，當時的情景，至今記憶猶新。這本書給了他一個契機，讓他開始思考有關心態的問題。

和夫深深地感到，一切正如谷口所寫的那樣，父親畩市明知自己可能被傳染，但仍然義無反顧地照顧弟弟，這是多麼美麗的心靈。面對甘願自我犧牲、有獻身精神的畩衣市，死神也要繞道而行。

他回憶道：「這本書給我創造了一個契機，讓我開始思考心態對人生的影響。」

空襲警報開始頻繁響起，但兼雄叔叔早已做好了面對死亡的心理準備，所以很坦然。他拒絕進入防空洞躲避：「我不可以進防空洞，不能把病傳染給別人！別管我了！我沒事的。」無論空襲警報怎麼響，他都紋絲不動。

在這種生活中，距離和夫上次入學考試失敗又過了一年。一九四五年春天，又將迎來鹿兒島第一中學的升學考試。班導師土井老師特意來家裡，勸說和夫的父母同意他再次參加考試。考慮到他有病在身，老師還代他遞交了報考鹿兒島一中的志願書，甚至還陪他一起去了考場。

然而，這次和夫依然沒有從公佈的合格榜上看到自己的名字。他的眼前一片漆黑，失魂落魄地回到家，蒙上被子倒頭就睡。

當時，其實還來得及報名參加離家很近的私立的鹿兒島中學（現在的鹿兒島高中，簡稱「鹿中」）的入學考試，因為鹿兒島一中的考試合格放榜日就是遞交鹿中報考志願書的截止日。但是，自暴自棄的和夫躺在床上，呆呆地望著天花板，不願再參加任何考試。

「算了吧，乾脆不上中學了……」

那天又響起了空襲警報，全家人不得不再次躲進防空洞。就在和夫無精打采、慢悠悠地從床上坐起來的時候，得知他沒考上鹿兒島一中，土井老師戴著防空頭巾來到他家。

「是男人就不要放棄！」老師一邊鼓勵目光呆滯的和夫，一邊對他的父母說，「無論如何都要讓和夫上中學。現在還可以報考鹿中，我已經替他提交了報考志願書，請一定要讓他參加考試！」

不用說父親畩市，連和夫自己也想回絕，但話到嘴邊又咽了回去。他不忍傷土井老師的心，最終還是決定去參加考試。

鹿中的考試順利通過了。試想一下，當年如果沒有土井老師的堅持和極力說服，和夫從國民小學高等科畢業後，或許會成為像他父親那樣的手工職人。

對於當時的學生而言，舊制中學以上的學歷，和小學高等科畢業的學歷，未來的人生道路將截然不同。如果沒有聽從土井老師的話報考鹿中，就不會有今天的稻盛和夫。他的人生雖然看似坎坷連連，但每次在命運的十字路口，他總能遇到對的人。

〔番外篇〕人生總有相逢時……

在欺負鐮田家孩子事件之後，迎來的就是向小學告別的日子了，而一上到中學之後，這檔事馬上就被大家忘得一乾二淨了！

二十幾年後，稻盛和夫認識了一位在鹿兒島銀行當過行長的平原前輩，兩人是屬於忘年之交情誼，這時平原已經離開銀行，到鹿兒島歷史相當悠久的著名島津興業公司上班，後來還當上了總裁。

那時，稻盛和夫經營的京瓷公司已經闖出了天下，所以有事回鹿兒島，他都會和平原打個招呼，只要有空兩人還會去喝一杯，平原為人熱心豪爽，因為京瓷的成功，他還熱心幫稻盛居中牽線，組織了鹿兒島商界名人為稻盛召開歡迎會，以此為機緣，後來平原先生到京都也一定會去找稻盛和夫，拜訪之後，他就順便住在大阪的女婿家（京都和大阪距離約五十多公里）。

有一天，這位平原先生的女婿給稻盛和夫來了一個電話。

對方自稱叫鐮田，一打聽之下，原來他在某家啤酒公司設於大阪的工廠擔任人事部長。這位鐮田先生告訴和夫說：「每次岳父到我家住的時候，都會講起一位非常了不起的，名叫稻盛的鹿兒島人。稻盛這個姓，剛好與我當年認識的一個『孩子王』相同，但是又覺得不可能是一個人，後來越聽越明白——原來就是當年欺負過我的那個『孩子王』……」

頗感意外的和夫仔細一問，原來他是另有事情拜託他，也就是鐮田想要到京瓷來工作，問他能不能幫上忙？

當時鐮田先生就職的那家啤酒公司由於市場的銷售佔有率不斷萎縮，公司一直在裁員，而他作為人事部長，主要的工作就是向企業員工宣佈公司解雇的決定。

他告訴稻盛說：「我實在忍受不了一天到晚讓別人丟掉飯碗，而自己卻在這裡安然不動，可是我又沒有更好的選擇，後來聽岳父說起您公司的事業非常成功，因此如果可以的話，能不能讓我也到您的公司上班？」

詫界萬分的和夫，回到家之後，向家人講述了這件事情，和夫的妻子和女兒都異口同聲地說道：「也到了你該為你以前做的那些壞事贖罪的時候了，你最好（一定要）幫人家這個忙。」

於是，第二天與公司人事部商量之後，稻盛將他引進到京瓷上班。鐮田先生進入京瓷後，工作十分勤奮，最後擔任了京瓷集團創立的第二電電北海道分公司的專務董事一職。

真是「人生總有相逢時……」對佛教十分虔誠的稻盛和夫說「有前因，就有後果」，人與人之間往往會有一條看不見的線所牽引著……

第二章 青春之歌

青春並不是生命中的一段時光，
它是心靈上的一種狀況。
它是一種沉靜的意志；
想像的能力，生命的活力！

——古希臘哲學家辛尼加

1．靠黑市買賣生活

人生的道路都是由心來描繪的，
所以無論自己處於多麼嚴酷的環境中，
心頭都要有不為悲觀所縈繞迂迴著……

一九四五年（昭和二十年）4月，稻盛和夫上了鹿兒島中學。雖說晚一年入學，但當時空襲猛烈，根本沒有上學上課的氛圍。B-29型轟炸機投下的燃燒彈像雨點一般傾瀉，特別是6月17日的大空襲燒毀了大半個鹿兒島市，這一天甚至被稱為鹿兒島「市民死亡的忌日」。和夫家的房屋雖然奇蹟般地逃過了這場災難，但在劫難逃，最終在8月份也毀於戰火。

沒有高射炮應戰，日本的劣勢顯而易見。但對於和夫來說，戰爭結束意味著從燃燒彈中獲得解放。有意思的是，結核病在拼命逃生的過程中竟然奇蹟式地痊癒了，如果像平日一樣慢慢療養，恐怕未必能治好吧。

戰爭雖然結束了，可是房屋和印刷機已化為灰燼，生活的壓力迎面襲來。畩市和紀美辛苦積攢下來的養老本，也由於通貨膨脹和「新幣政策」，一下子變得分文不值。畩市把鹽、紀美把和服都拿到黑市上賣掉，換回大米。鹽是他們家自製的。他們把鐵桶鋸開，做成四方形的扁鍋，用廢木頭做燃料，把海水蒸發，提煉出鹽。做出的鹽有時賣給前來收購的人，有時他們自己拿到鄉下，去換些大米和紅薯。紀美的和服是在戰前辛苦攢錢買的，全部賣完之後，紀美又在黑市進行了二手衣物的買賣。

房子被燒毀之後，他們一家都被疏散到鹿兒島市的郊區，和夫和哥哥兩人要到市裡的中學上課。戰爭結束後，他們在地板下面挖了個地窖，開始偷偷釀造燒酒。那應該是父親的主意吧。做法就先將紅薯煮熟搗爛，加入米麴攪拌，然後密封在罈子裡，放置一段時間，發酵後變成葡萄糖，再轉化成為酒精，在合適的時候取出，用手工製作的蒸餾器蒸餾。並且買來了比重計，能準確測出酒精的濃度，由此製成可以銷售的商品。當時很多黑市的燒酒淡而無味，都喝不醉人，而他們家的燒酒品質優良，在黑市上口碑相當不錯。

釀造好的燒酒灌入水袋，一個水袋可以裝兩升多。畩市將灌滿燒酒的水袋像綁腰帶那樣紮在腰間，前後各紮一個，然後去黑市兜售。因為是沒有營業執照的黑市買賣，一旦被警察發現，就會被拘捕。如果按照畩市平日裡謹小慎微的性格，是絕對不會做這種生意的，但是當時被生活所迫，不得不這麼做。

蒸餾的時候會產生酒渣，酒渣會有酒香飄出。畩市怕被別人聞到，戰戰兢兢地將酒渣埋在田裡的一角。最後，因為害怕私自釀酒的事情暴露會帶來嚴重的後果，沒過多久，畩市就放棄了釀酒。

後來，走投無路的父親畩市就帶著利則與和夫，借了紀美娘家一間靠海的房間，開始做起了製鹽的買賣，畩市將做出來的鹽拿到農村去換點兒食物。但是，這不是長久之計，無計可施之下，他們不得不又回到藥師町生活。

就這樣，稻盛家把在臨時居所上搭建的屋子直接移建回藥師町的原住址。因為是簡易的竹木結構的棚屋，搬運起來相對容易。然後，他們又在原有屋子的基礎上擴建了房間。

房子蓋得比較簡陋，一到刮颱風的時候就狼狽不堪。大家用竹竿支撐著防雨門，再用繩子綁緊。為了不被颱風刮跑，他們可以說是想盡了辦法。房子裡的牆壁很薄，

弟弟豐實年紀雖小，也幫著撐牆。外面的圍牆經常會倒塌，他們經常是第二天一早就要忙著修理。

父親畩市儘管才剛40歲出頭，卻好像突然間就變老了。畩市原本就是很保守的性格，現在變得越發謹小慎微。無論紀美怎麼勸他重開印刷所，他始終都沒有點頭。因為如果要重開印刷所，就需要購買印刷機器設備，那麼肯定要大量舉債，而畩市不願意這麼做。

後來，原來在稻盛承製堂工作的員工自立門戶開了印刷所，畩市說要去那裡工作。這讓紀美更心急、焦慮。

回憶起當時的情景，稻盛一邊體味著父親當時的心情，一邊感慨地說：「父親當時真的是失去了自信。」

但在那時，母親紀美卻表現出異乎尋常的勇氣和能力。

她先到郊外農戶那裡用自己的和服換糧食——當時城市裡的人或多或少都有類似的經歷，但紀美花了更多心思。她將換來的部分糧食在黑市倒賣，接著用掙來的錢去二手市場採購和服，再拿和服去農家換大米。

在這個為了生存的過程中，她展現出了經商的才能。

當時的交通情況很糟糕，紀美不得不乘坐極其擁擠的公車。她的腸胃虛弱，一定是大受折騰。但在她的努力下，稻盛一家終於不用過每天只能吃點兒小米的淒涼生活了。和夫目睹母親的辛苦賺錢方式，他的商業才華或許是來自母親的遺傳。

2．中學的歲月

一九四八年，和夫他從鹿兒島中學畢業，當時正好是學制改革，處於向新制高中過渡的轉型期。聽到周圍的同學幾乎都升學了，他也開始猶豫。雖說他也知道家裡人多，生活壓力大，應該儘早就業，可是一聽到父親說：「你也工作吧！」他卻抗拒地說：「把鄉下的那塊地賣了不就行了！」他知道他們家在郊區還有一小塊地。「高中畢業後一定就業」，他以這一承諾說服了父親。那時，鹿兒島中學、市立高中女校、市立商業學校合併成了鹿兒島高中第三部，想上的人都可以免試升學。兩年後，他又

轉到玉龍高中，是該校首屆畢業生。

稻盛進入鹿兒島中學後最開心的事，就是遇到了他一生的摯友——川上滿洲夫。

川上後來在機械製造企業久保田鐵工公司負責海外生產，還擔任過久保田鐵工公司的常務董事、信貸社社長等職務。他和稻盛一樣，也是報考鹿兒島一中落榜後才進入鹿兒島中學就讀的。只不過，他沒有像稻盛那樣報考兩次，所以比稻盛小一歲。

川上滿洲夫的父親叫川上清志，在戰爭結束的前一年，他因乘坐的飛機在馬來西亞半島上空被擊落而陣亡。由於他的軍銜高，得到了豐厚的撫恤金，所以家裡的生活比較寬裕。

川上家以前住在稻盛家附近的草牟田，所以兩個人幹什麼都在一起，可以說是形影不離。有段時間，兩個人突然迷上了音樂，跟著擅長彈吉他和曼陀林的同學學了好幾個月，可還是摸不著門道。後來，稻盛經常去川上家聽留聲機，他們欣賞了《流浪者之歌》等許多美妙的音樂。

那時候的舊制中學其實就是現在的高中，所以同學間因為相互影響開始吸菸的大有人在。不過，後來成為「老菸槍」的稻盛在20歲之前卻沒有抽過菸。這個小時候頑皮的孩子王，長大後卻似乎和那些不良少年再也沒有交集了。

川上和稻盛都特別喜歡棒球。有時，川上會帶著三個棒球手套以及鞋店老闆兒子用剩下的碎皮做成的棒球過來。球棒就借用校舍的窗框代替。為了賺取購買棒球用具的費用，他們還會賣些粗製濫造的肥皂之類的小東西，可以說對棒球相當癡迷。

打棒球時，每個人的站位都由稻盛決定，他自己則是投手。川上後來加入了學校的棒球部。據他說，稻盛投低手球的技術水準相當可以。

那段時間，每天放學後兩個人都會到操場上打棒球，直到日落西山天黑了，才戀戀不捨地回家。

從初中到高中遇見了很多老師。其中教歷史和品德修養的齋藤老師讓和夫印象最為深刻。他對卑劣懦弱的行為極為痛恨，經常會拿一場棒球比賽舉例子。在鹿兒島縣的中學生棒球比賽中，鹿兒島一中和鹿兒島商校進入了決賽。一中曾多次奪冠，但商校也緊追不捨。比賽打到平分時，迎來了關鍵的終局決賽，這時商校打出的一球落地時緊壓邊線，裁判判定為界內球，商校因此得分獲勝。對此，一中強烈抗議，認為那是界外球，但是裁判沒有接受。

問題是在這以後。比賽結束了，一中還不斷抗議，要求重新比賽。得知申訴未果，一中竟然拿走了掛在決賽現場的冠軍旗。老師以這一事件為例：「即使裁判的判決有誤，也不能有如此卑劣的行為。」從此，在鹿兒島的舊制中學棒球賽中，一中再也沒有進入過決賽。

老師列舉事例，教給大家做人的道理。他問：「大家都有親朋好友吧。假設這個好友殺了人跑到你這裡，警察在追捕他，他懇求你藏匿他，作為友人，你會怎麼做？」「殺人是重罪。不管是什麼親朋好友，犯罪就是犯罪。應該狠下心來，把他扭送到警察局。也許你們就是這麼想的。可是我不認同。」老師的話太意外了，「不管道理怎麼說，如果真是好朋友的話，就要不顧一切保護他，這才稱得上是真正的友情。」老師平時就是一位紳士，這時講出的卻是聽起來有些偏激的話，但卻蘊含著老師的信念，令人難忘。

進入高中後，他開始用功學習，但對棒球的熱衷絲毫未減，惹得走街串巷賣米的母親對他發火：「辛辛苦苦供你上高中，你卻只知道玩！」因母親這一句話，徹底讓和夫告別棒球生涯了。

3・做紙袋買賣的生意

母親說的話是對的。從此以後，稻盛不再沉迷於打棒球，開始思考該如何幫補家用。他想到的，就是去販賣紙袋的生意。

「爸爸，重新生產紙袋吧，我負責去賣。」

一開始，父親沒有理會稻盛的要求，但禁不住他死纏爛打的建議，終於答應做做看。從以前就相熟的紙品批發商那兒買了紙。

就這樣，稻盛家開始重操舊業，製作紙袋了。以前來工作過的大嬸們聞訊聚集到了這裡。有活兒幹，就可以拿到工錢，她們非常高興。

因為家裡的自動製袋機在戰爭期間全被燒毀了，所以他們只能完全依賴手工作業。好在購置自動裝袋機之前，大家也都是用手工製作，所以駕輕就熟。

將一個榻榻米大小的五百張原紙摞起來放在操作臺上，再用全身的重量壓在專用的切紙刀上，猛一使勁兒將其切斷。把切好的紙用來製作紙袋，從最大的1號袋到最

小的10號袋鋪滿了整個屋子，最後蓋上稻盛承製堂的橡皮圖章。每一百個紮一捆，就算完工了。畈市負責切紙，綾子她們幫著在袋子上蓋橡皮章。平時一放學，稻盛就忙著四處兜售紙袋，星期天更是從一大早就蹬著自行車四處尋找顧客。

當時的自行車後座很寬大。在那兒紮一個大竹簍，就能裝上滿滿有紙袋，像小山一樣，甚至因為紙袋太多、太重，前輪幾乎都要翹起來了。

因為戰爭才剛剛結束三年，鹿兒島市內還有五六處規模比較大的黑市。一開始，稻盛沒有經驗，每天漫無目的地四處轉悠，結果發現效果很差。後來，他決定將鹿兒島市劃分成七個地區，每天主攻一個地區。

當時，鹿兒島當地沒有製作紙袋的商家，那時的紙袋都是由福岡的紙品批發商拿到鹿兒島來賣的。

稻盛問黑市的阿姨們：「需要紙袋嗎？比福岡的紙袋便宜哦！」

「可愛的小傢伙，既然你這麼說，那就買幾個吧……」阿姨們同意購買。後來，竹簍裡的紙袋沒賣光的話，阿姨們還會讓他把紙袋留下代賣。她們稱稻盛為「賣紙袋的小傢伙」。

稻盛用懷念的語氣講述當時的故事：

「有一次，走進一家店裡推銷紙袋。我在店裡喊了聲『你好』，有個和我差不多年紀的女孩子出來了。我當時覺得很不好意思，一聲不響地溜了出來。」

當年，在鹿兒島以製果食品株式會社為代表的有三家製作文旦糖的糕點鋪。

有一天，稻盛經過其中一家糕點鋪的門前，老闆娘走出來問：「小夥子，你是不是在賣紙袋啊？」

「對，是的。」稻盛回答。

老闆娘告訴他：

「小夥子，或許你不知道，串木野、川內這些糕點鋪都會來我們家進貨。你可以將紙袋放在我們店裡，由阿姨來賣，這樣你就不用一家一家跑，到處兜售了。這叫作『批發』。」

稻盛覺得老闆娘說得很有道理，於是按照她說的做了。結果，紙袋的確銷路很好，不用再像以前那樣，在鹿兒島市內一家一家辛苦地兜售了。

聽到消息後，其他的糕點批發商也下了同樣的訂單，縣裡其他地區的糕點鋪都開

始使用稻盛承製堂的紙袋。

就這樣，不到半年的時間，鹿兒島市內的紙袋完全被稻盛家壟斷了，來自福岡的紙袋批發商被迫退出了鹿兒島市場。

稻盛第一次做生意就大顯身手，取得了很大的成功。後來，由於訂單太多，人手短缺，稻盛還雇用了一名剛從小學畢業的孩子。一般雇工是跟著畩市工作的，但是稻盛當時還是在校生，居然就有能力雇用員工，確實了不起。雇來的孩子每天都要正常上班，所以不是兼職性質，應該算作正式員工了。而且，這還是個性格很好的孩子。

為了方便工作，稻盛家還為那個孩子買了一輛新的自行車。當時的自行車要一萬五千元左右，而那時小學教師的起步月薪也不過四千元。以現在來說，就像是給那個孩子買了輛小汽車。原本是因為聽那個孩子說會騎自行車才給他買的，但其實他根本不會騎。稻盛一聽就慌了手腳。無奈之下，他只好一邊教那個孩子如何做生意，一邊教他騎自行車。

稻盛每天扶著自行車的後架，帶著他在家後面的鹿兒島實業學校的校園裡練車。後來，那個孩子總算學會了騎車。於是，他每天騎著車子和稻盛一起出門做生意。這樣的日子持續了大約一年。這就是經營之聖的第一次事業原點，到了高中三年級時，和夫將這項「事業」以及那個「員工」全部移交給了哥哥利則，自己則開始專注於功課方面了。

4.「我想讀大學！」

因為向父親畩市承諾過，所以稻盛原本打算高中畢業後就找工作。但是，有一天，從學校回家的路上，他看到一個朋友拿著本雜誌。當他問朋友那是什麼雜誌的時候，朋友驚訝地說：「這個嗎？是《螢雪時代》啊。稻盛，你不會不知道吧？」

那是旺文社出版發行的很有名的考大學的雜誌，對於要考大學的考生來說，幾乎無人不知，無人不曉。

周圍的很多同學都在準備大學的入學考試，這讓稻盛受到不小的打擊。看著手中那本從朋友那兒借來的《螢雪時代》，他的腦中閃現出了要報考大學的念頭。為此，

首先要複習備考。於是，稻盛借著讀高三的機會，把銷售紙袋的工作交給了哥哥。

本來利則一直做的是蒸汽火車上的司爐工作，負責燒火和協助司機。可能是對機油過敏吧，利則一直因為皮膚問題而煩惱，不得已只能辭去了國鐵公司的工作。如果哥哥利則接手紙袋銷售的工作，一定可以做得很好。就這樣，稻盛做好了安排，專心複習迎接考試。

「我現在沒有時間再做生意了。必須把吃飯的時間都省下來學習。」稻盛心想，「我必須比別人更加努力。如果別人是兩倍，我就要付出五倍的努力。」稻盛暗自下定了決心——「我想讀大學！」

稻盛經常到川上家一起研究複雜的幾何題，他的鑽研勁頭很足，非要解開題目才甘休。他總是在經過苦思冥想後，對川上說：「喂，川上，我做出來了！」

當時，大學的升學率很低。即便是男生，也只有極少數人能考上。雖然通往大學的門很窄，但就稻盛的學習成績來看，還是很有希望的。他想學的專業很明確，因為自己和家人都曾因結核病而痛苦，同時他又喜歡化學，所以他希望今後能從事藥劑學方面的研究。

但是，最讓他擔心的是對父親的承諾，再加上考慮到家裡的窘迫，稻盛的內心又有些動搖了。

稻盛一度打算放棄，在老師指導學生畢業發展方向的時候，他小聲地對班導師辛島老師說：「我還是放棄考大學，選擇到鹿兒島銀行工作吧。」

「你說什麼？」老師瞪大眼睛，把稻盛罵了一頓。

據川上回憶說，稻盛在當年的全國統一的入學模擬考中取得了非常優秀的成績，所以老師生氣也不難理解。

第二天，老師一大早就到稻盛家登門拜訪。

「請一定讓和夫上大學。學費方面請不要擔心，因為大學裡會有獎學金。」老師努力地想說服畩市同意和夫上大學，一次不成功，又來第二次。

畩市終於鬆口了，但他提出了一個條件：

「和夫，你如果要上大學的話，就至少要上九州大學。」

只要能報考大學，去哪兒上都可以啊。按照父親畩市的吩咐，稻盛對辛島老師說他想報考九州大學。

老師建議他說：「你在福岡有親戚嗎？既然可以去福岡，乾脆報考大阪大學吧，怎麼樣？」

大阪大學比九州大學難考得多，這樣父親畩市也沒什麼可說的。稻盛就這樣決定前往大阪，參加大阪大學醫學藥劑系的入學考試。當時，開設藥學系的大學很少。除了藥科大學裡設有藥學系之外，一般都是在大學的醫學系或是工學系裡才有這方面的研究課程。

當年的稻盛和夫還從未離開過九州，去過的最遠的地方就是博多了。那還是在第二次世界大戰前，畩市因為去博多參加一個印刷工會之類的會議，曾帶他去過一趟。對他而言，大阪是一個遙不可及的地方。

稻盛家和開自行車店的新見先生很熟，他家有個親戚住在大阪玉造。所以，他們拜託新見寫信給他的親戚，希望能照顧一下人生地不熟的稻盛，但對方能不能收到信還不清楚。就算收到了，也不知道稻盛和對方能不能順利見上面。為了以防萬一，母親紀美做了很多糯米餅裝到旅行袋裡，想著如果孩子肚子餓了，吃點兒餅也能忍過去。稻盛當時也做好了最壞的打算，頂多就是露宿街頭。

換乘了普通列車後，稻盛終於抵達了大阪站。當時，列車班次很少，每趟車都塞得滿滿的。

稻盛好不容易到了玉造。他一邊打聽，一邊按地址找新見先生的親戚的房子。正好遇到了新見先生的親戚，對方也正在找他，稻盛這才算鬆了一口氣。事情到這兒看來，都還算非常順利。但由於長途跋涉，過度勞累，精神又緊繃著，稻盛考試時沒發揮出真實的水準，結果沒能考上。後來又報考大阪大學學系也同樣跌落榜外。

當年的國立和公立大學中有一些入學考試時間比較晚的，成為很多報考第一批大學失利學生的安全選擇。萬幸的是，稻盛和川上兩個人都順利地考上了第二批招考的鹿兒島縣立大學工學系。

儘管父親畩市曾表示如果考不上九州大學就不行，但當他得知稻盛考上本地的鹿兒島縣立大學的消息後，還是打從心眼兒裡高興的。畢竟，環顧周圍的親戚，還沒有誰家的孩子上過大學。

〔番外篇〕逃票事件

這個「逃票事件」是發生在稻盛就讀玉龍高中三年級時的事。那時他的好朋友川上滿洲夫領銜的玉龍隊，參加了日本全國運動會軟式棒球的縣級預賽，之後並進入了決賽。對手是鹿兒島商業高中一夥同學們都趕去市郊的鴨池球場為玉龍隊加油助威。很可惜後來比賽輸了。

事情發生在回校的路上。雖然可以坐市營電車回去，可是有人覺得，有一段路需要花錢買票不划算，提議走一段路再乘車。這個建議遭到了其他人的反對：「我們手裡有在學校附近下車的月票，至於我們是從哪站上的車，一般都不會盤查的，到時只要趕緊下車，應該能蒙混過關。」

到站後，同學們都若無其事陸續下車，但這麼一大幫人一個接一個，逃也似地下車，這情況很容易讓人起疑心，稻盛因為心虛，落在了最後一個，結果被抓了現行犯，不但剛買的月票被沒收，還被處以罰款，而且大家還譏笑他是個「笨蛋」。

第二天，他就被導師辛島政雄老師狠狠地訓斥了一頓：「不要以為學習成績好那麼一點，就可以翹尾巴了。這是我們學校的恥辱！」辛島老師原本是鹿兒島中學的校長，學校轉制時，作為一般科任的教師，陪我們一起在到玉龍高中。老師的話震撼了稻盛和夫的心。

這下沒辦法了，他只能走路上學了。不過，有個人主動陪他一起走路上學，他對和夫說：「不能只讓你一個人做出犧牲。」這個人就是川邊惠久。多麼可貴的友情啊！這才是值得交的真朋友，和夫非常感動。

沒想到多年後，川邊君向他坦白說：「其實，那時我才是最後一個下車的。」他趁站務員在教訓和夫的時候，從後面溜了出去。看來川邊君的這份友情，也有他自贖罪的成分在裡面。

第三章

大學的出路

生活沒有導演，但每個人都是演員，
只能按照未知的劇情奮力演出，
崇高的理想像懸在高山上的鮮花，
如果要取得，你得努力攀登上去……

1．大學生活

「每一天都極度認真！」

這句話語非常簡單，卻是人生最重要的原則。

一九五一年（昭和26年）4月，稻盛和夫進入了鹿兒島縣立大學工學系。他決定在應用化學科系學習有機化學。他選擇學習有機化學，和當初報考大阪大學醫學系藥劑專業的動機一樣，都是想今後從事與製藥相關的工作。

當時的石油化學可以說是達到了全盛時期，有機化學專業也因此大受歡迎。不斷地有新的物質被研發合成，整個化學產業充滿了勃勃生機。據說，當年鹿兒島縣立大學應用化學系裡有七成左右的學生都選擇了有機化學專業。有機化學的受歡迎程度由此可見一斑。

公立大學的學費低廉，還可以像當初計畫的那樣獲得獎學金。稻盛決定把獎學金和打零工賺來的錢，一半用作學費，剩下的一半作為伙食費留在家裡。

「明年再考一次大阪大學。」剛得知自己沒考上大阪大學時，稻盛曾有過這樣的想法，但後來他還是決定放棄這個想法，集中精力在鹿兒島縣立大學學好有機化學。為了今後擇業時能實現自己的人生夢想，從大學一年級開始，稻盛就異常努力地學習。因為沒有錢，買不起昂貴的教科書和參考書，他就充分利用大學和鹿兒島縣的圖書館學習。

稻盛考入大學那一年，哥哥利則加入了警察預備隊。

利則在接手銷售紙袋的工作之後，因為機緣巧合曾在一家糕點公司當了職員。後來，聽說警察預備隊成立了，他立即前去應聘。雖然服役期不長，但待遇非常好。父親畩市很開心，還出席了送別宴。

利則把他在警察預備隊工作期間的工資基本上全匯到了家裡，補貼一大家子的生活開銷。妹妹綾子也中止了高中學業，開始幫著打理家裡的生意。

稻盛剛剛適應了大學生活，還沒高興多久，父親畩市就再次向他提出：「不要上大學了，出去工作怎麼樣？」

母親紀美聽到後，在病床上掙扎著說：「別再提這個事，照顧不了孩子，也別拖累孩子啊！」母親的話，讓稻盛感受到了濃濃的母愛。

人人都以為紀美得了結核病，但不管怎麼檢查，也沒從她身上查出結核病菌。實際上，她得的根本不是結核病，而是由於長期勞累而積勞成疾。然而，諷刺的是，醫院採用的昂貴的氣胸療法明顯地損壞了紀美的肺功能。

這對於特別敬愛母親的稻盛來說，是一件很痛苦的事情。所幸紀美的身體漸漸恢復了健康，大家也都漸漸放下心來。

即便是到了冬天，稻盛也是穿著運動服和木屐去圖書館。圖書館就是一個寶庫。他如饑似渴地學習著，每晚睡覺前都要讀書，這樣才能睡著。他貪婪地吸收著知識，有空時還會幫著川上一起做實驗。

在機械專業學習的川上一直在研究用於燃氣輪機等設備上的耐熱材料。他曾經參加的由鈷和鎳構成耐熱鋼的蠕變實驗（在實驗材料施加外力，測知實形與時間關係），後來也非常有實用價值。

不管學習有多忙，稻盛在大學期間都一直堅持打工。他曾在一家他去賣過紙袋的糕點鋪裡打了幾個月的臨時工，負責把紅豆煮熟做成紅豆沙。

他還在鹿兒島的一家老百貨店——山形屋做過巡夜警衛的工作。一周做三天，從傍晚工作到第二天早晨，需要在百貨店裡巡迴檢查好幾次。他雖然年輕有體力，但有時也會撐不住，經常在警衛室裡打瞌睡。

日子就這樣一天天繼續著。稻盛比別人更加努力地學習，同時又享受著自由的青春，對未來充滿憧憬、滿懷希望。但是，他將要面臨就業問題，很快就將瞭解到現實的殘酷。

當時的就業環境非常惡劣。稻盛剛進大學的那段時間，國內的經濟形勢比較好。但是，從畢業前的一九五四年（昭和29年）開始，經濟回調，需求減少，衰退日漸明顯，招聘需求減少，就業形勢一下子變得非常嚴峻。此外，辦學歷史較短的鹿兒島縣立大學的社會知名度較低，很多情況下都沒有被列入企業設定的招聘學校名錄。

這時，川上對陷入求職窘境的稻盛伸出了援助之手。

川上的叔叔川上為治曾在通產省擔任礦山局局長，後來又擔任了中小企業廳的官員、參議院議員。川上想拜託叔叔幫他和稻盛介紹一下工作。

但是，當年的大學生和現在的學生一樣，缺少社會經驗。在還沒有事先確認叔叔意思的情況下，川上就貿然帶著稻盛一起上東京找叔叔。

他們坐上夜行列車，在早晨6點前抵達了東京。他們先在東京車站附近的澡堂裡泡了個澡，穿戴整齊後又痛痛快快地吃了早飯，趕到叔叔家敲門的時候是早上7點30分左右。因為一大早就堵在門口敲門，而且還是突然到訪，川上的叔叔十分生氣，不願出來見他們。

為了避免尷尬，嬸嬸把川上單獨領到臥室去見叔叔。當時，叔叔剛起床，一看到川上就怒火直冒，大喝道：「你跑來幹什麼？」

川上語無倫次地對叔叔說明了來意，但在當時那種狀態下，叔叔是不可能很快就同意幫他們找工作的。在這個過程中，稻盛一直沒被允許進門，而是站在門口。川上感覺很對不起他，後來因此和他的叔叔疏遠了。

稻盛從東京回來後，立刻放棄了靠關係找工作的想法。這不是挑三揀四的時候，他知道了當初一門心思想進醫藥公司，是不切實際的，所以不得不放棄，轉而把目光投向發展蒸蒸日上的煤炭、石油等能源產業。這類企業的招聘需求相對比較大。

但是，他先是在最心儀的帝國石油公司面試中落選，然後積水化學公司也沒錄取

他。再後來，稻盛輾轉於各個招聘單位之間。

「應該是每次面試時，我都穿得很寒酸的原因吧……」

各種負面的念頭在稻盛的腦海中揮之不去，他的精神壓力很大，快受不了了。

另外，川上也先後在川崎製鐵、大阪燃氣公司的招聘面試中被淘汰。淘汰的理由是「在機械系只有一個招聘編制」。川上聽了，只能啞然，最後總算被久保田鐵工公司錄用了。

現在的「久保田」已經是國際化大企業了，但當年錄取川上的那個「久保田鐵工」還只是一家很小的公司。戰後，久保田鐵工公司開始製造和銷售拖拉機，並很快在東證一部上市，顯示出強勁的發展勢頭。

這樣一來，就只剩下稻盛的工作還沒有著落了。

2．入來（町）黏土研究

想努力工作卻求職無門，在社會的種種不公和冷漠前，稻盛開始變得憤世嫉俗。

「既然如此，乾脆做個有文化的黑社會小混混算了！」

想著想著，稻盛還真的跑到鹿兒島市天文館路的黑社會組織小櫻組事務所的門前徘徊良久。

稻盛自己說：「那個時候，如果真的選擇了那條路，我或許也能多多少少出人頭地，成為一個什麼小組織的老大吧。」如果是那樣的話，那麼現在就會是：「某某組暴力團的稻盛組了……」

此時，竹下教授向稻盛伸出了援助之手。

「我讀京城大學時的一位朋友現在是京都一家絕緣瓷瓶公司的部長，他那裡應該可以錄用你。」

老師提到的這家公司就是松風工業。雖然是一家稻盛從來沒聽說過的公司，但據

說是京都的一家老牌企業。這家公司主要生產絕緣瓷瓶。絕緣瓷瓶是安裝在電線柱或鐵塔上固定電線的絕緣物體，當時主要用陶瓷製成。

聽老師這麼一說，想儘快就業、讓父母安心的稻盛立刻向老師致謝，並懇請老師務必幫忙聯絡。

但是，製陶業屬於無機化學的領域。實際上，松風工業當時希望招聘的是無機化學專業的學生，最好是學過陶瓷技術的。原本稻盛並不符合他們公司的招聘條件，但是竹下教授十分欣賞稻盛，一直在為他找工作的事四處找人想辦法。

為了能進入松風工業，稻盛的畢業論文必須是與陶瓷相關的內容。於是，竹下教授又去找無機化學專業的島田欣二教授，拜託他指導稻盛的畢業論文。

當年，島田教授很年輕，作為一名研究型學者，還處於剛剛起步的階段。指導學生畢業論文更是第一次，和稻盛研究論文內容對他來說很新鮮。況且，當時距離畢業論文答辯（審查）也只剩下半年左右的準備時間。由於稻盛從沒有接觸過無機化學，所以要從零開始學習。這對稻盛來說，是一次相當嚴峻的考驗。

儘管是就業單位提出的要求，可是有機化學專業的學生臨近畢業，突然要轉到無機化學專業，放到現在根本不可能。但幸運的是，當時的鹿兒島縣立大學是一所新開辦的學校，十分自由、民主。如果沒有眾人這一場費盡心思的斡旋與折騰，恐怕就沒有後來的稻盛和夫了吧。從那時開始，幸運之神突然開始眷顧他了。

當時的稻盛要寫和陶瓷有關畢業論文，他最終決定將製作陶瓷的原材料——黏土作為畢業論文的研究課題。

鹿兒島現在也有金礦山。在金礦脈的附近經常可以看到白色的黏土層。當時，正好在鹿兒島縣一個名為入來町的地方發現了黏土礦，於是他決定對這種入來黏土進行研究。

入來町位於小山田西北方向的深山裡。稻盛和島田教授一起背著背包進入深山裡去採集黏土樣本。經過夜以繼日的潛心分析和研究，他們終於發現了一種新型優質黏土，後來還被廣泛地用作工業材料。

繼對入來黏土進行研究之後，稻盛又調查了指宿（地名）黏土。這種黏土原來是用作薩摩燒（一種乳色的日本陶器，於十八世紀末在日本九州的薩摩開始生產。）的原料，品質非常好。稻盛也因此對陶藝家們的眼光驚歎不已。

因為年輕，稻盛體力充沛，在完成畢業論文的這半年時間裡，他忙著到戶外調查和採集實驗樣本、在圖書館裡收集和查閱資料，還要抽時間去打工，日子過得緊張而充實。

在島田教授的指導下，稻盛集中精力在實驗室裡工作。當時的實驗條件十分簡陋，沒有現在大學實驗室裡各種完備的實驗器材。在進行品質分析之前，還需要自己先製作出測量器。島田教授一邊研究其他大學測量器的圖紙，一邊參考熱膨脹計（用於精密測定在不同溫度條件下物質體機發生變化的儀器。）原理，自己製作測量器。人生中沒有無用的經歷，當時從頭開始自己製作設備的經歷，對稻盛未來人生產生了很大的作用。

雖然每天忙得不可開交，稻盛也會有忙中偷閒的時候。每當在實驗中取得令人興奮的好消息，他都會和島田老師一起喝上兩杯。當時的啤酒還屬於奢侈品，他們喝的主要是番薯釀的燒酒。

稻盛的進步確實得益於島田教授的悉心指導和幫助，他一直沒有忘記老師的恩情。後來，島田教授委託他辦的事，比如安排大學裡的學弟進京瓷公司工作等，他都不遺餘力地辦成，稻盛十分珍惜這份師生緣分。

就這樣，在有限的時間內歷經千辛萬苦，稻盛終於完成了這篇題為《入來黏土的基礎研究》的畢業論文。

一九五五年2月17日，鹿兒島縣立大學舉辦了畢業論文發表會。稻盛是第一位發表的，也是獲得評價最高的。

這篇論文還帶來了另外一段緣分。當年，內野正夫教授剛剛到鹿兒島縣立大學任職，而這篇畢業論文卻引起了他的注意。

內野教授比稻盛年長40歲，是熊本縣人，畢業於東京帝大工科大學應用化學系。曾在古河礦業公司從事過金屬銅的高純度提煉方面的研究。曾擔任商工省工程師等職，還指導過用於鴨綠江水力發電站電能開發方面的金屬鋁的提煉工作，先後擔任過「滿洲輕金屬製造公司」（現在的日本輕金屬公司）的理事長兼高級工程師，可以說是無機化學領域的權威。

第二次世界大戰之後，內野教授因遭到整肅而被公司開除。整肅運動結束後，應他的朋友福田得志（鹿兒島縣立大學校長）的邀請，被鹿兒島縣立大學聘為教授。

內野教授出席了那年的畢業論文發表會，對稻盛的論文讚不絕口：「我看過很多論文，稻盛同學的這篇論文比東京大學畢業生的論文都精彩！」

在畢業典禮後的謝恩會上，內野教授對稻盛說：「你將來一定能成為一名優秀的工程師。」

謝恩會結束後，稻盛準備回家的時候，內野教授又熱情地邀請他：「稻盛同學，我們一起去喝杯茶，好嗎？」隨後，受寵若驚的稻盛被教授帶到位於天文館路上的一家很高檔、雅致的茶館。

還是個窮學生的稻盛從沒有出入過這種高檔場所，略顯緊張地跟在教授的後面。在這家茶館裡，內野教授告訴稻盛要想成為一名工程師必須有的心理準備等。這讓稻盛深深感受到了教授對他的愛護和期望。

內野教授起初還擔心鹿兒島縣立大學的學生水準不行，總有些不安。現在看到有稻盛這樣優秀的學生，他就安心了。同時，他抑制不住對稻盛的喜愛，想盡可能多地給予其幫助和鼓勵。

這就是緣分吧——內野教授後來成為稻盛無話不談的終生「心靈導師」。

3・松風工業

由竹下教授推薦，稻盛和夫就職的這家公司位於京都，名為松風工業，專業生產絕緣瓷瓶。公司由松風嘉定於一九〇六年（明治三十九年）創立，是日本第一家研發製造高壓絕緣瓷瓶的企業，據說風頭一時甚至超過了日本碍子株式會社（即後來的NGK INSULATORS, LTD.公司）。

和夫的父母聽說這是京都的一家著名企業，又是製造絕緣瓷瓶的，既有實力，又可靠，所以很放心。臨行前，哥哥拍著他肩膀說：「真像出征的士兵啊！」為慶賀他就職，哥哥送給他一套西裝，和夫就穿著它，告別了鹿兒島。

一九五五年（昭和三十年），和夫進入松風工業。公司雖說是在京都，卻位於靠近西山的地方，在東海道線的神足車站（現在的長岡京車站）附近。不久和夫便得知，當時公司已處於銀行託管之下，而且原來的創業家族還內訌不斷，勞資糾紛也頻繁發生。就在這種情況下，竟然錄用了五名應屆大學畢業生。大概也就是這樣的公

司，才會錄用像他這樣來自鄉下大學的畢業生吧。到此時和夫總算才搞清了這家公司的背景，但為時已晚。

那天當他在東海道本線的神足站（現在的JR長岡京站）下車，去總公司報到之後，被帶到了公司的員工宿舍（松風園常磐宿舍）。

「這就是你的宿舍。」

稻盛一看宿舍樓，便倒吸了一口氣——那是一棟非常破舊的房子。眼前的景象讓他從美夢中醒來，回到了現實中……

當天進公司後，大學畢業的新員工全被分配到了製造部研究科。

一同進入公司的其他四個人都被分配去研究公司的主營產品絕緣瓷瓶，只有稻盛被派去研究在特殊陶瓷中高頻絕緣性極強的材料鎂橄欖石。

大致來說，陶瓷的製造工序就是將原料混合攪拌後乾燥成形，然後放入爐中，在1400℃的高溫下燒結完成。

利用一種叫「球磨機」的實驗器材將粉末狀的原料混合。為了能將原材料完全粉碎，在球磨機中放入研磨球後，一邊倒入粉狀原料一邊來回攪拌。比起用腦，這工作更多的是需要體力。一般研磨不一會兒，鼻孔裡就會塞滿陶瓷材料的粉末，稻盛只能閉上嘴巴。

當時稻盛被分配的製造部研究科，負責研發高頻絕緣性能優良的弱電用陶瓷材料。因為從一九五三年才有電視轉播，所以面向家用電器的絕緣陶瓷的前景是相當被看好的。

傍晚，被帶到宿舍時，房間的情況讓這些新進人員大跌眼鏡。房子又舊又破，屋裡全是稻草屑，連榻榻米都不見蹤影。他們急忙買來蓆子釘好。那天晚上，五個同期生聚會，大家異口同聲：「這樣的破公司，趕緊辭職吧！」

宿舍區沒有食堂，只能用炭爐自己生火做飯。說是自己做飯，卻因為沒錢，只能買油炸豆腐配蔥花，再加上天婦羅的碎渣（向店家要來的）。天婦羅碎渣放到味噌湯裡，體積就會膨脹。每天晚上，就以這個味噌湯當菜肴，填飽肚子。

父母兄弟熱情地替和夫送行，出發時和夫的一腔熱忱，此時已經煙消雲散。剛踏入社會，職業生涯一開始，竟然如此落寞淒涼。

有一天，在一家熟食店裡，老闆和稻盛搭話。

「我見過你，你是哪家公司的？」

「松風工業的。」

「你怎麼在那樣一家破公司啊？從哪兒來的？」

「鹿兒島。」

「從那麼遠的地方來啊！你在那樣的破公司，搞不好連老婆也找不到呢！」

直到很久以後，稻盛都沒忘記那時的對話。

之後，他開始和朋友川上每三個月左右見一次面，要麼他去久保田鐵工公司所在的大阪，要麼川上來京都。

後來在工作中絕不抱怨的稻盛，當時還很年輕。據川上說，那時經常會聽到他的抱怨。川上也有川上的煩惱。他剛進公司就立刻被派去從事耕耘機的耐久測試，每天從早上8點到下午5點一直在挖水田。自己不是為了做這種事才讀大學的，他也感到很煩惱和不甘心，偶爾也會發發牢騷。

不過，松風工業的內部狀況的確糟得超出了想像。剛進公司時，稻盛還以為工資是每月分四次領的，因為工資的返發和分次發放已經成為常態了。

等稻盛意識到自己這種地方大學畢業生之所以能入職，是因為公司經營狀況不佳的時候，為時已晚了。想著當初為了進入這家公司，拼命地學習無機化學，想到家人和朋友們還為自己舉行盛大的送別會，稻盛的心情不由得沮喪起來。

和稻盛同時進公司的五個大學生紛紛提出辭職，其中和他一起參加面試的京都工藝纖維大學的那個男生跳槽去了松下電器。到了秋天，僅半年不到的時問，就只剩下他和另外一個家在天草，畢業於京都大學的男生兩個人。

「我們也別幹了，辭職重新開始吧！」

兩個人商量後一起向陸上自衛隊提交了入隊申請。

他們在伊丹的自衛隊駐地參加了考試。考試很順利，兩個人都通過了。但是，當稻盛請鹿兒島的家人將入伍所需的戶籍副本寄來時，卻怎麼也等不到。過去不像現在，打個電話就能立刻知道情況。於是，他左等右等，錯過了最後的提交期限。

後來他才知道，是哥哥利則堅決反對給他寄戶籍副本。

利則說：「這是大學老師好不容易給推薦的公司，和夫半年都不到就想辭職不幹，這算怎麼一回事啊！」

他的退路被切斷了。稻盛的心裡亂作一團，但還是拿出了自己僅有的一點兒錢，為考入自衛隊的同事舉辦了送別會，所以他為人確實很好。這樣一來，五個一同進來的大學生就只剩下他一個人了。

「沒辦法，只能改變心態，全力以赴，專注於眼前的研發工作了。」他只好暗暗下定了決心。

稻盛著手研究的鎂橄欖石陶瓷材料合成這一課題，與松下電子工業是松下電器產業（現在的Panasonic電器）旗下的子公司有著莫大的關聯。不用說都知道，松下電器是松下幸之助創辦的家電製造企業。

由於戰後日本社會一片混亂，日本的電機廠商和歐美廠商之間的技術實力差距很大，已經到了靠自己努力根本無法追趕的地步。從一九五〇年（昭和25年）前後開始，國內電機廠商陸續與國外大型電機製造商展開合作。

東芝與通用電氣、三菱與西屋、富士電機與西門子公司相繼合作。隨後，一九五二年（昭和27年）12月，松下電器與荷蘭飛利浦公司達成協議，共同出資成立了松下電子工業公司。一九五四年（昭和29年）3月，松下高槻工廠開始投入生產。

稻盛進入松風工業兩年前，日本才開始播放電視節目。當時，電視機的真空管和顯像管等主要零部件，基本都是由松下電子生產的。

松下電子最先考慮國產化的零部件之一就是顯像管電子槍使用的陶瓷絕緣部件。因其斷面呈U字形，溝槽裡又埋入玻璃體焊材，所以被稱為「U字形絕緣體」。從金額上看，它在整個電視機零部件中所占的比重雖然很不起眼，卻是左右電視機性能的關鍵零部件之一。

因為兩家公司都在東海道本線附近建有工廠，一九五四年9月，松下電子向松風工業提出了製造U字形絕緣體的要求。

然而，無論怎麼嘗試，只要往U字形溝槽裡填充玻璃焊材，絕緣體都會開裂，變成廢品。這是因為絕緣體和玻璃的膨脹係數不同。

人們研究飛利浦的樣品之後，發現他們的產品是用鎂橄欖石做的，而當時國內新型陶瓷的主流還是滑石瓷材。松風工業試做的樣品，使用的也是滑石瓷材，結果全部

裂開了。鎂橄欖石在高溫條件下的絕緣電阻很高，哪怕加大電負荷也很難發熱。而且，它的膨脹係數接近金屬和玻璃，非常適合與這些材料組合，製成電子零部件。一年前，通用電氣雖然在實用化上已獲得成功，但其製作方法仍屬於商業機密。

一旦研發成功，該部件無疑會讓企業起死回生。於是，松風工業為了製作U字形絕緣體，開始挑戰鎂橄欖石陶瓷材料的合成技術。稻盛進入松風工業，也正好是這個時期。

松風工業已日薄西山，這家企業看似一無是處，但事實並非如此。

有一次，稻盛看到一位前輩坐在原料的清洗間裡，努力地用刷子清洗看球磨機。研磨球偶爾會有些磨損，那些磨損的凹凸不平處會沾上些前一次實驗留下的粉末。那位前輩用刮刀將粉末小心翼翼地刮出來，再用刷子把研磨球清洗乾淨。

「大學畢業的男子漢，居然在做這種瑣瑣碎碎的活……」

稻盛一邊想，一邊不經意地看著。後來，在實驗中得不到理想結果時，他的腦海裡便浮現出那位前輩的身影。

只是簡單清洗的話，上次實驗的粉末多多少少都會有些殘留。如果混入接下來的

過去には感謝を
現在には信頼を
未来には希望を

實驗裡，陶瓷的特性就會發生微妙的變化。前輩細心地洗好實驗器具以後，再用掛在腰上的毛巾擦拭研磨球。

「所以要徹底清洗，再擦乾淨嗎？」

前輩的背影告訴稻盛現場實踐的重要性。「體驗遠遠重於知識」，這一態度成為稻盛後來一以貫之的「哲學」中的重要一條。

稻盛的過人之處在於他超乎常人的注意力。經過很多次不斷試錯的試驗後，他找到了方向，看到了目標的大致輪廓。他發現，將氧化鎂和滑石粉末混合，再加上矽酸玻璃作為燒結助劑，理論上就能合成鎂橄欖石陶瓷材料。

但是，工廠不是大學的實驗室。如果不能實現大批量生產，就沒有任何意義。為了找到實現批量生產的方法，他接下來又費了一番周折。

原料的粉末都非常乾燥，不知該如何熬煉才好。在傳統的陶瓷世界裡，常用黏土做黏結劑，但如果把黏土用在這裡，就會混入雜質，無法發揮純粹的物性。稻盛日復一日，鍥而不捨地探尋著解決辦法。

有一天，他路過實驗室時，大概是思考得太入神，被什麼東西絆了一下，差點兒

摔倒。他看了一下腳底，鞋子上粘著茶色松脂一般的東西。那是前輩實驗用的石蠟。

「就是它！」

這個瞬間，靈感閃現。

「如果在原料粉末中加入石蠟作為黏結劑，不就能夠成形了嗎？」

那正是指引稻盛和夫走向成功的「上天的啟示」。

他立即往鍋裡放入原材料和石蠟，像炒飯一樣翻炒，再倒入模具裡燒製成形。於是乎，終於完美成形。作為黏合劑的石蠟在燒結過程中全部燃燒殆盡，最後的成品中不會留下任何雜質。

因為公司裡沒有精密的測量儀器，所以他一開始不知道燒出的成品是否具備所需的物理性能。後來經過檢測，確定了這個材料完全可以用於製作U字形絕緣體。

這是日本首次合成實用級別的鎂橄欖石陶瓷材料，是一次壯舉。雖然沒有研發出大學時代夢想的新藥，但稻盛獲得的研究成果，價值不亞於研發出新藥。一九五六年（昭和31年）夏天，稻盛和夫年僅24歲，風華正茂。

松下電子聽聞鎂橄欖石陶瓷材料合成成功的消息後非常高興，立刻下單訂貨。松風工業也正式開始生產U字形絕緣體。

最初採用的是衝壓法，每次生產三個，但這樣的話沒辦法完成大批量訂單。於是，他們想到了把原料放入真空練泥機，再如同做涼粉般擠出U字形合成材料的方法。剛開始的時候，做出的產品總不理想，他們反覆摸索了好多次。當時，手工製作的產品更有賣點，只是成品外觀上稍微有些不整齊。如何儘快提高產品的精密度成了下一步亟待解決的課題。

U字形絕緣體的外形越來越規整後，稻盛又向松下電子請教了玻璃焊材的配比問題，這才生產出成品並交貨。由於拿到了U字形絕緣體的訂單，稻盛的團隊所在的部門成為虧損連連的松風工業公司裡唯一盈利的部門。

松風製造部部長青山政次（後來的京瓷公司社長）驚訝地見證了稻盛的大放異彩。青山是稻盛進公司時的面試官，比稻盛年長30歲。這個面試時看上去靦腆、內向的年輕人，究竟是從哪兒來的這麼大的活力呢？青山非常吃驚。

青山說：「後來，我對稻盛極為旺盛的工作勁頭非常驚訝，我覺得是『雞窩裡飛來了一隻鳳凰』。」

4・「要成為漩渦的中心」

「自己要主動、積極地尋找並承擔工作，這樣，周圍的人自然而然就會來協助你。你就能在漩渦的中心工作。」稻盛和夫說。

稻盛正是努力在松風工業裡成為「漩渦的中心」。於是，青山也在不知不覺中，在積極意義上被捲進稻盛所引發的漩渦當中。

「他是那種需要自由發揮的人，所以不能有人在上面管他。」

發現了稻盛的這個特點後，青山開始在工廠內為他物色辦公地點。青山發現，如果把設計室的東側整理出來，可以騰出一個研究室的空間。在與專務商量並取得他們的同意後，青山把研究室搬到了那裡。一九五六年11月，稻盛等人從研究科獨立出來，成立了特磁科。

雖然稻盛出於資歷的原因沒有當上科長，但是在進入公司的第二年，他就成了全權負責特磁科工作的年輕領導者。

第二年秋天，稻盛和夫帶領的開發團隊，作為「特瓷科」獨立出來。在他入職的第二年，他已經實際上領導了一個研究室。為了進行批量生產，他親自設計了一種隧道式電子爐，用來燒製新型特殊陶瓷。此時，公司要將業績差勁的瓷瓶部門的多餘員工，調到公司唯一朝氣蓬勃的特瓷科來。

雖然他們部門確實人手不足，但和夫實在看不慣絕緣瓷瓶部門低落的士氣。讓他們來拖累特磁科可不行。於是就與公司談判，要求自主招聘，徵得同意後他便去京都站前的職業介紹所招人。結果召集了一批應屆畢業生以及一些有工作經驗的人，形成了在公司內頗具特色的工作團隊。當然，這些人既沒有專業技術，也缺乏對工作意義的正確理解。

當時，陶瓷的開發與製造，是辛苦的體力活。松風工業設備落後，粉末混合等作業又髒又累。一天下來，大家粉塵滿身，疲憊不堪。為了鼓勵他們，和夫幾乎每天晚上都會把他們召集起來，跟他們講道理：「為什麼必須拼命工作。」「如果沒有我們這個陶瓷零件，就做不成顯像管。我們現在幹的事，是東京大學、京都大學都做不了的高水準研究。沒有實踐就搞不清陶瓷的本質。我們要為這個世界創造出最卓越的產

品！」有時他們甚至談至深夜，但大家都聽得津津有味。

有時候，他們也會一起去附近的排檔或小酒館，點上素烏龍麵和燒酒，一直聊到酒館打烊。「過去我們素不相識，現在能夠一起共事，這不是緣分嗎？」和夫這樣切入話題。「人生只有一次，一天也不可虛度，要竭盡全力。」和夫熱情地訴說，好像要把自己身上的能量注入給部下。最後，他會說：「明天我們再用別的方法試一試，再動動腦筋。」

松下電子工業的訂單逐月增加，每天都催著快點交貨。正在這當口，春鬥（每年春季勞方向資方交涉加薪的談判）和裁員問題交織，勞資雙方陷入僵局，工會準備發動大規模罷工。和夫為此十分焦急，如果發生罷工，特瓷科的生產勢必停頓，這樣就會嚴重影響松下電子工業顯像管的生產。不僅如此，他們還將失去客戶的信任，松下U字形絕緣體的訂單可能會發給其他公司。

因此，和夫下定決心，哪怕破壞罷工，也要維持生產。於是他召集了特瓷科的全體員工，對他們說：「我也很想加工資，但是，現在發起罷工會有什麼後果？不僅給松下公司帶來損失，而且他們勢必立即另尋製造商。我們一心想通過新型陶瓷重建公司，可如果客戶拋棄我們的話，公司就會走向破產。到時候別說加薪，就連明天的口糧都會失去。我們特瓷科決不參加罷工，我們要加緊生產，為此，大家要一起堅守在車間裡。」

停產一天，會給客戶帶來多大損害，大家都很清楚。另外，平日裡和夫不厭其煩地訴說的工作意義，或許已經刻在大家的頭腦裡，所以大家一致同意，不參加罷工。

由於工會的糾察人員在公司門口設置了哨卡，一旦進入公司就很難再出去出，和夫拿出手頭所有的現金，購買了罐頭等應急食品，連同燃料、被褥一起，住進了工廠。問題是如何把產品發出去。特瓷科有一位女性，因為不能讓她也住在廠裡，所以就讓她每天早上來到工廠後面的圍牆處。他們一大早悄悄地將打包好的產品拋出去，等候在圍牆外的她接到後就送給客戶。

這位須永朝子，後來就成了稻盛和夫人生的終身伴侶。因為公然破壞罷工，被罵為「公司的走狗」和「裝模作樣的反叛者」。

但和夫堅信自己沒有做錯，所以無論遭受怎樣的指責，都毫不在意，並據理力爭道：「我完全沒有敵視工會的意思，也絕不是公司的幫兇，只是不想熄滅大家拼命努

力才點燃的希望之火罷了。」

工會自然也知道多虧了特瓷科，公司才能生存下來。可和夫無論如何都要讓這項事業走上正軌，懾於和夫他們的這種意志和熱情，工會儘管仍然批判「破壞團結」，但實際上也不得不默認了他們的行為。

由於負責絕緣瓷瓶出口的第一物產（現在的三井物產）不滿意松風的經營狀況，來廠進行實地調查。入駐的調查團團長是戰前三井物產的紐約支店店長吉田源三先生。他當時作為第一物產顧問，是位說一不二的大人物。因此，松風工業這邊自然是非常緊張，嚴陣以待。

一天，這位吉田先生突然說道：「你們這兒好像有一位叫稻盛的年輕人，我想見見他。」公司的幹部們都吃了一驚，他便馬上被找來，和夫這時也很吃驚，完全沒有頭緒。「你就是稻盛吧！叫你過來也沒有其他的事，我和鹿兒島大學的內野君（內野正夫教授）是東京大學的同學，在東京見面時聽說了你的事情。」接著他便邀請和夫晚上外出暢談一番。

於是，和夫穿上自己最好的西裝前往大阪，來到約定見面的飯店。他從未進過如此豪華的飯店，走進大廳時不由得茫然失措。也許是注意到了他的緊張，吉田先生安慰說：「隨意些，叫我吉田就好了。」而他卻稱和夫為「稻盛技師」。他和內野老師一樣，沒有小看這樣一個毛頭小子，而是認真地和夫說話。趁著這樣難得的機會，和夫就坦率地吐露了平時的所思所想。比如進入公司以來，致力於鎂橄欖石陶瓷的開發，並將其商業化，現在上了軌道；為了重振松風工業，應該為員工們明確指出公司前進的方向等。

吉田先生聽完後說：「稻盛先生，你雖然年輕，卻有著自己的一套哲學。」和吉田先生道別後，「哲學！」「哲學！」和夫口中反覆念著他所說的這個詞。

〔番外篇〕《故鄉》之歌

稻盛就在松風這塊壓抑的土地上，每天重複著單調、枯燥的工作。實在受不了的時候，唯有懷念故鄉鹿兒島。

他說：「在公司的研究工作也好，人際關係也好，都不順利。每當太陽下山，我總會一個人去宿舍後面種滿了櫻花樹的小河邊，坐在那兒，唱著《故鄉》。內心的痛苦日漸堆積，卻又無計可施。我盡情地歌唱著，似乎只有這樣，才能讓自己重新振作起來……」

《故鄉》

追逐兔子的那座山，
釣小鯽魚的那條河，
在夢中會繞著，

難以忘懷的故鄉！
家中的一切，父母、友人無恙吧？
無論被雨淋、被風吹都會想起的故鄉，
總有一天，一定要回青山的故鄉、綠水的故鄉。

這首歌發表於一九一四年，由高野辰之作曲、岡野貞一作曲。甫一發表馬上走紅，各廣播電台爭相放送，一時大街小巷都可以聽到「追逐兔子……」的聲音，幾乎是人人耳熟能詳、琅琅上口。

最重要的是，它成了異鄉遊子的「國歌」，而稻盛和夫當然不能例外，歌曲除了可以發洩心中的鬱悶，繼之也可以轉化為必須面對現實、激勵自己的力量！

第四章

自立門戶：京瓷

「心想事成」是宇宙的法則：

在你心中描繪什麼藍圖，決定你將度過怎樣的人生。

強烈的意念，將作為現象而顯現出……

請你首先要銘記這是「宇宙的法則」。

1.「別去巴基斯坦！」

與其尋找自己喜歡的工作，
不如先喜歡目前所擁有的工作！

剛入松風時，和夫曾想：「這種破公司，必須趕緊離開。」但不知不覺間，他已經在松風工業度過了三年時光。

有一次，巴基斯坦一家低壓瓷瓶製造公司的社長，前來考察和夫設計的電爐。後來，出口電爐的談判成功了，但對方指名道姓，要求和夫去當地指導安裝和生產。和夫聽了也動心了，以前他也曾有過什麼時候能去海外看看的想法，沒想到機會來得這麼快。對方開出的薪資也是董事層級的。有這種待遇的話，他就可以給鄉下的父母多寄點錢，回報他們一直以來的辛苦。

正在猶豫之際，公司已派遣別人替代了他，因為公司認為，如果他不在的話，松下的訂單會出現問題。還好，最後巴基斯坦的設備安裝順利結束，完成了交接工作。

可是，那邊的社長又發來邀請：「我這裡雖然有德國技師管理工廠，但稻盛先生您的熱情遠超他，所以希您來擔任總工程師。」收到這樣的邀請，遠在家鄉的父母的面容又再次浮現。

這時，恩師內野正夫正好去東京出差，回鹿兒島時要途經京都車站，會在京都停留一兩天。於是，和夫就決定利用這一機會徵詢他的意見。那時，老師關注的不僅僅是學術領域，他認為，為了戰後日本的復興，應該興辦重化學工業，並為此奔走活動。他曾多次向通產省陳情，建議在雨水豐沛、水資源充足的屋久島建立水力發電所，將其所發電力用於重化學工業。

老師從晚間特快列車「燕子號」的車廂出來，和夫向他吐露了自己「正在煩惱糾結」。可是，老師一反常態，用嚴厲的口吻表示反對：「雖然你是很優秀的技術者，但去巴基斯坦瓷瓶工廠當技師，敲打出賣自己那點技術，這樣的事決不能幹！尖端科技的發展日新月異，你這麼一去，很快就會趕不上技術發展的步伐。你好不容易才在特殊陶瓷的研究上嶄露頭角，這樣放棄就太可惜了，我堅決反對，別去巴基斯坦！」他沒想到老師會說得這麼明確，只有一個勁地點頭稱是。

當他被提拔為特瓷科主任的三個月後，變局突然降臨。日立製作所向松風訂購陶瓷真空管。作為研發負責人，和夫使用鎂橄欖石陶瓷反覆試製，但結果都不如意，正在惡戰苦鬥之際，新任的技術部長向他攤牌：「憑你的能力恐怕不行了，我會讓其他人做，你就放再管這件事了！」

而他這個人只要認定一事，就會心無旁鶩，一個勁兒走到最後。前任技術部長青山政次先生（後來擔任京瓷公司社長），他十分理解和夫，很支持他，放手讓他繼續做。青山以前常說：「只要讓他自由，就能發揮潛力的那種類型。」

可惜，當時公司換了個銀行出身的社長，青山先生被調離，繼任的技術部長是外來的，「難道就你懂新型陶瓷嗎？」聽他怎麼說，和夫頓覺氣血上衝，心想：「既然說我不行，那我就辭職！」

青山一直致力於松風工業的重建工作，他也期望新社長的到來能令公司有所改觀。然而，這種想法太天真了。這位新社長走馬上任後僅過了兩三個月，就把一位莫名其妙的人拉了進來。

那個人曾是社長原工作單位的研究所所長。他的興趣愛好十分廣泛，在古董、圍

棋、將棋、音樂等方面都顯示出與眾不同的才華。因為對古董興趣濃厚，他還當過古董店老闆。但是，他缺乏一般的常識。這位新社長邀請他來松風工業工作，沒多久就還讓他擔當任了技術部部長一職。

青山說：「M先生一進公司就接二連三地對絕緣瓷瓶生產的相關設備和方法提出了諸多改良方案，而社長立刻決定推行。但是，原有技術人員卻對他完全不理睬，認為他沒有水準。儘管如此，他後來還是被提拔成了技術部部長。然而，事實證明，他所謂的那些『改進』和只能糊弄外行的『理論』都是十分可笑的，最後全都失敗了，沒有做出任何成果。而當他恣意提出那些毫無價值的改良方案時，公司的專務、常務也好，技術人員也罷，都只是默不作聲地看著。」

青山認為，如果再這樣繼續胡鬧下去，後果將不堪設想。於是，他向社長逐一陳述了那些改良方案的失敗，並勸告社長：「如果再讓事態任意發展下去，要不了多久，松風工業就要倒閉了。」

社長卻說：「你什麼話都不要說。如果他失敗了，我會負全責。」

青山和社長溝通無果，於是他決定親自去找技術部部長本人，直接告訴他不能繼續這麼幹。

「你接連提出那麼多改良方案，結果一個也沒成功。你到底是怎麼打算的？」

「改良方案這種東西，十個裡能有一個成功的，就算很了不起了。」技術部部長的回答讓青山無語。

後來，青山不斷向社長提出勸誡，結果被社長逐漸疏遠，社長還免除了他兼任的管理部和特需部部長的職務，把他貶到社長辦公室。最終，命令他前往巴基斯坦工作。「稻盛現在離開的話，公司會有麻煩。你反正有空，不如你代替他去吧。」

結果，青山不得不替代稻盛，前往巴基斯坦進行技術指導。

一九五八加年7月，青山從羽田機場出發，飛往巴基斯坦。當時，青山已經決定，等完成了巴基斯坦的工作，回來後就立刻辭職。而與此同時，特磁科也被納入那位新技術部部長的管轄範圍。青山十分明白新部長與稻盛發生衝突只是時間問題了。

稻盛暫住公司的那段時間，飯盒就放在桌子上。有一次，他打開飯盒，發現裡面的午餐與平時的完全不同，滿當當地裝了許多可口的飯菜。稻盛很感動，吃得乾乾淨

淨，一粒米都不剩。

第二天、第三天也都有豐盛的午餐放在稻盛的辦公桌上。他也沒有打聽是誰送來的，就這麼每天享用美味的午餐。終於有一天，他知道了這些都是朝子帶來的。

特磁科的研究室裡有三排辦公桌，十幾個科員在一起工作，朝子是其中一員。她比稻盛小2歲。京都府立西京大學（現在的京都府立大學）畢業後，她一直在家裡幫著做一些家務。當時，女性考入四年制大學的機率只有2%，可見朝子也是很了不起的知識女性。

恰巧，住在附近的青山太太對朝子的母親說：

「你家小姐大學畢業，閑在家裡可不行啊！」

於是，青山讓她進入松風工業，幫忙處理一些研究室的日常事務。

當時，稻盛把鍋碗瓢盆爐灶都帶到公司，一到中午就在研究室裡煮飯，做味噌湯，有時也會吃冷便當。看到這一幕，朝子回家後和母親說了此事。

朝子的母親感歎：「那太可憐了。」

於是，母親開始每天準備兩份便當，讓朝子幫著帶過去。

當時和夫的妹妹綾子也在京都，與稻盛走在街上，朝子即使與他們擦肩而過，也不會點頭打招呼。那並非代表她沒有禮貌，恰好證明了她是一位謹言慎行的女性。帶便當過來這件事，她也一直沒有主動提起。從她的性格來看，這也不難理解。

後來，和夫說：「我記得和朝子好像去京都市內看了幾次電影。但是看的是什麼電影，我已經記不清了……

「有一次，朝子的母親聽說我晚上回宿舍還要自己做飯，就對朝子說：『太可憐了，你把他帶回來吃飯吧。』然後，晚上我就厚著臉皮過去用餐。她是位特別慈祥的母親。」

2・向松風工業提出了辭呈

因為新任技術部部長的失誤，松風工業的業績持續下滑，公司不得不進行裁員。面對絕緣瓷瓶部門狼狽的狀況，稻盛在社長和部長們面前猛烈爆發：「特殊陶瓷

這個領域以後會飛速成長。如果不趁現在多賺錢，公司就無法轉虧為盈。請務必重新調整體制，下決心把人員和設備都集中配置到特磁科來。」

「如果一直這樣綁手綁腳的話，結果就是大家一起等死。」正因為如此，稻盛才會如此迫切。

但是，在不得不裁撤員工的絕緣瓷瓶部門裡，有很多人畢業於京都大學等名牌大學。他們自負地認為，公司是靠他們才支撐到現在的，所以都直截了當地提出了反對。而且，他們還說了一些不可理喻的話：

「特殊陶瓷以後的發展就交給我們吧，稻盛君只要試製產品就行了，研發的工作還是交給研究科來負責。」

話越說越離譜。對於這種打算奪取自己研發權的意見，稻盛全部斷然拒絕。而這荒誕的事件之所以發生，是那位新任的技術部部長在推波助瀾。

於是，該發生的事還是發生了。

其導火索就是稻盛接受了一項非常重要的工作。

美國通用電氣當年主導了一個建立微波通信網的計畫，日本電視台的正力松太郎也參與其中，並且得到了吉田茂首相的支持。

發射高頻微波的真空管用以往那種玻璃管是不行的，必須用鎂橄欖石陶瓷材料作為絕緣體。因為在國內有望生產出該產品，所以與通用電器合作的日立製作所（簡稱「日立」）將訂單發給了松風工業。

如果這次能夠成功地完成日立製作所的訂單，這個業務也可能與U字形絕緣體一樣，成為公司的一大盈利支柱。松風工業的高層決定，再次將這個研發任務交給稻盛的部門。

雖然反覆實驗了很多次，但這次的產品對技術水準要求極高，研發難度極大。而日立那邊催得又緊，稻盛已經神經緊繃了。這時，那位新任的技術部部長又不合時宜地出現在稻盛面前。不僅如此，竟然還對稻盛說了這樣的話：

「以你的能力是不可能完成這個項目的，還是讓其他人來做吧！」

「這個東西其他人是做不出來的！」

不過，稻盛說的話，新任的技術部長完全聽不進去：

「看來你是不行了，我們公司有不少畢業於京都大學的技術人員，你就交給他們

去做吧。」

聽到這話的瞬間，稻盛全身的血液上湧，脫口而出：「哦？是嗎？那行啊。反正公司已經不需要我了，我乾脆辭職好了！」

暢快淋漓地說完後，他便憤然而去。

就這樣，他斷了自己的後路。

稻盛傾聽自己內心的聲音，同時想試試自己的技術到底能走多遠。

稻盛遞交辭呈的消息傳到了銀行派來監管的原松風工業常務董事那裡，他說：

「稻盛君，你不如自己成立一個新的特殊陶瓷公司吧。」

但是，只靠一個人是不行的。於是，稻盛把那些他喜歡的下屬一個個地叫出去喝酒，向他們和盤托出了自己打算成立新公司的事。

「如果公司辦得不順利，我們就算出去打零工，也一定要和稻盛一起將新型陶瓷的研究繼續下去。」

聽到有人說出這樣的話，稻盛特別感動。與此同時，青山和北大路也表示要和稻盛一起幹。

一時之間，這群人個個磨拳擦掌、熱血奔騰……

3．創業的過程與恩人

決意辭職的稻盛打算先和松下電子的山口採購科長談一談。因為，如果新公司不能繼續拿到U字形絕緣體的訂單，公司就無法經營下去。

他們約在京都車站見面。山口按照約定的時間抵達了，卻沒看見稻盛。這時，有個男人四下張望後舉起手示意。山口看到後，不禁笑了出來。稻盛大概是想喬裝吧，戴著一個大口罩。

他們徑直去了附近一家中餐館。稻盛將最近要辭職的事情全說了出來，然後對山口說：「希望貴公司能從我們的新公司採購之前的U字形絕緣體。」

本來這麼重要的事無法由個人判斷和答覆，但山口當場答應：「好，我們買。」

稻盛一直以來付出了多大的努力，山口一清二楚。如今，稻盛做出辭職創業的重

大決定，山口很想做點兒什麼來表示對他的支持，所以他才會當場一口答應。

於是，他們約定，從新公司成立開始，每月松下電子向稻盛的公司訂購20萬根U字形絕緣體。

但是，沒過多久，本來說好也要投資的一位松風工業的原常務董事說的話開始含糊了。他的意思是，讓京都的某家西服店還是和服店作為贊助商來成立一家新公司。但仔細一聽，才發現不是什麼靠譜的事。原來他的意圖只是想當掮客，通過招募出資方投資新公司，從中賺一筆錢而已。

稻盛想通過創辦新公司讓自己的技術發揚光大，所以絕不允許有人把它當成投資賺錢的工具。於是，他主動回絕了對方。

「動機至善，了無私心。」

儘管稻盛沒有將這句話說出來，但從他邁出創業的第一步開始，就將其作為自己的行為基準。

這樣一來，創辦新公司之事又回到了起點。讓人放心的是，還有經驗豐富的青山在，他說：「我有辦法！」

隨後，他向稻盛介紹了宮木電機製作所的專務董事西枝一江。西枝和青山同畢業於京都帝國大學工學系電氣理工科，比青山早一年進入松風工業。但是，第二次世界大戰前他就已經離職了。

西枝當年剛從京都帝國大學工學系畢業，就取得了專利代理人的資格，因此在離開松風工業後，他便開始獨立開展代辦專利的業務。那時，他的第一個顧客就是宮木電機。

後來，還在松風工業技術部當部長青山也很支援他，將松風工業專利申請業務全部委託給了他。在那之後，西枝的客戶增加，他積累了很多財富。家裡的職員和幫忙的人，多的時候達到了十二三人。

第二次世界大戰期間，西枝擔任過宮木電機的專務董事。這家公司是宮木男也社長在京都創建的生產高壓用油斷路機和配電盤的企業，主要從事與軍需相關的工作。宮木社長是一位溫厚且威嚴的紳士，他很信賴西枝，後來甚至把第二代社長也託付給了西枝。

另外，在宮木電機公司裡，還有一位青山認識的人。他就常駐東京的常務董事交

川有。他在工商省專利局工作過，也因為這層關係，青山和他成了朋友。

西枝雖然是個資本家，但交川比他富有得多。戰後，宮木電機因為接不到與軍需相關的訂單，資金周轉陷入困難。當時，西枝拜託已經從專利局辭職的交川買下了宮木電機的一半股份。於是，交川就成了公司的常務董事，常駐在東京。

一九五八年10月，青山首先去和西枝商討了創辦公司的事。西枝聽了青山的介紹，剛開始半信半疑，但還是決定先聽聽交川的意見。

幾天後，交川正好來京都參加每月一次的董事會。青山利用這個機會在西枝家的客廳和他進行了談話。當時，稻盛也被叫了過去。

這次，青山使出渾身解數，更加熱情地講述一番。但是，交川卻突然打斷了他，嚴肅地說：「我不太清楚稻盛君到底有多麼優秀，但一個二十六七歲的黃毛小子能幹什麼呢？」

交川並沒有惡意。他除了宮木電機以外還投資了一些企業，都在虧損經營，連分紅都沒有，所以他深知企業經營之不易。

西枝也嚴肅地說：「青山君，哪怕只是創辦一家買賣東西的商社都很不容易，何況現在是打算成立一家必須運用複雜技術，以研發為中心的企業。儘管你們說得簡單，但肯定不會那麼順利吧？」

投資方提出這種意見十分正常，以研發為主的企業需要雄厚的資金，而西枝一針見血地指出了這個問題。

儘管如此，青山並沒有退縮。他說：「稻盛君擁有超乎常人的工作熱情，一定可以成功的。」

交川立刻反駁：「僅靠工作熱情，事業就會成功嗎？」

這時，一直一聲不吭，默默聽著他們對話的稻盛，忍不住插了句話：「未來一定會迎來新型陶瓷的時代！」

但這依然無法使交川他們信服。最後，交川抱著半信半疑的態度先告辭了。

青山沒有料到會是這樣的結果，一臉歉意。

倒是稻盛反過來安慰他說：

「我的確是一個黃毛小子。而且，我的技術也不太好理解。沒事的，讓我們再多溝通幾次吧。」

像這樣的談話之後也進行了好幾次。有的時候談得很熱烈，有的時候，他們又一籌莫展。後來，西枝和交川說想看看現場，於是稻盛便利用星期天悄悄帶他們去了松風工業，向他們展示了設備和產品。

的確，能夠有望接到U字形絕緣體的訂單，這是讓人非常放心的一個因素。人才方面也在某種程度上得到了保證。當時又恰逢進入了岩戶景氣（指一九五八年開始出現的日本第二次經濟發展高潮。日本開始大量生產汽車、電視機和半導體收音機）時期，可以預見電視機的銷售數量只會水漲船高，而這正是創業的最好時期。

最終，稻盛燃燒的激情和堅定不移的信念終於打動了西枝他們。

而稻盛的信念，就是吉田說過的「哲學」。

西枝、交川他們終於答應出資支持稻盛，宮木電機的宮木男也社長也決定出資支持。有了他們的協助，稻盛對未來更有信心了。

西枝對宮木社長這樣說道：「不要讓稻盛君的公司變為宮木電機的子公司，讓他自由地去幹。當然，成功與否不嘗試一下是不會知道的。希望大家都做好心理準備，投資的錢可能會打水漂。」接著，他又對稻盛說：「估計怎麼著也會虧三年吧。我們

（指西枝和交川）作為非全職的董事，不需要任何報酬。」

由此可知，他們是何等純粹地支持著稻盛等人。

「無論什麼事都要通情達理。」

這是西枝的口頭禪。他是那種要麼不支持，可一旦決定支持，就會徹底無條件地支持的人。

稻盛感激得熱淚盈眶。

最終，宮木電機的宮木男也社長表示願意一同出資。資本金三百萬日元。宮木社長及其公司的相關人士出資一百三十萬，西枝先生出資四十萬，交川先生出資三十萬，剩下的一百萬算是青山先生和和夫他們出的，因為他們沒錢，出資人同意他們以技術入股，這在當時算特別照顧了。工廠暫借宮木電機空置的房子當廠房。

由於前期需要電子爐等設備投資，還需要周轉資金和採購原材料等。所以，還需要約一千萬日元，在向銀行貸款時，西枝先生拿自己的住宅抵押擔保！據說，他事先曾對妻子說：「我們這個房子，可能會被銀行拿走哦！」他妻子卻笑著說：「因為你是被男人迷住，所以我才不會介意呢！」

聽說宮木社長從董事處募集資金時說：「這不是成立子公司，這是在稻盛這個年輕人身上賭一把！所以，投下去的錢可能打水漂。」這些明治漢子、九州男兒身上的豪氣，讓和夫欽佩不已。他們給了稻盛和夫一個機會，讓他的技術得以問世。

4．京都陶瓷株式會社

於是，一九五八年十二月，創業團隊一起聚在稻盛所住的公司宿舍內，他們是：伊藤謙介、浜本昭市、德永秀雄、岡川健一（後為京瓷專務董事）、堂園保天、畔川正勝和青山政次。除了56歲的青山，稻盛26歲，其他人的年齡都在21～25歲之間，非常年輕。

稻盛高呼：「讓我們歃血為盟，永不忘今日之激情！」在場者無不響應，岡川健一迅速寫下了誓詞。

岡川畢業於高知大學文理學院，專業是地球物理學。在他找不到工作之際，被稻盛攬入麾下。在場者都和岡川一樣，各自懷著對稻盛的感謝和深厚的敬意。誓詞如此寫道：「讓我們團結一心，為社會、為世人成就事業，特聚於此，歃血為盟。」

稻盛帶頭簽名並按下血印，隨後他說了如下一段話：

「社會很殘酷，儘管心正，也未必能實現我們的志向。若到了那個時候，我們就算一起去車站當小紅帽（搬運工）也要堅持下去。你們也要做好這個心理準備。」

在這個時期，稻盛能說出「心正」這句話令人備感驚訝。原來，創業伊始，他心裡就已經種下了「思無邪」的種子。

公司取名為「京都陶瓷（京都ceramic）株式会社」。古都京都舉世聞名，作為特殊陶瓷的新型陶瓷（ceramic）雖然還不為世人所熟知，但卻有一種現代感。

公司員工總共28人。社長請宮木電機的社長宮木男也來當，他也是最大的股東。青山先生擔任專務董事，稻盛擔任董事兼技術部部長。松風工業時期的前輩北大路季正先生也加入進來。一九五九年4月1日，京都陶瓷的成立紀念典禮在中京區西京原町的總部舉行。宮木社長親自點燃了電爐，象徵著充滿希望的開始。

當晚，公司幹部齊聚一堂，舉辦小型宴會慶祝公司成立。稻盛做了如下致辭：「雖然現在我們租借宮木電機的倉庫創業，但我們一定要成為原町第二的公司。成為原町第一後，目標就是西之京第一；成為西之京第一後，目標就是中京區第一，接下來是京都第一，實現了京都第一，還有日本第一；成了日本第一，當然要做世界第一。」他如同癡人說夢一般，描繪著宏偉藍圖。既然幹了，目標就定得越高越好。

新公司近旁有一家生產扳手、活動扳鉗等汽車修理工具的公司，和夫每天上下班都要路過。當時汽車產業方興未艾，這家工廠也是一派繁榮景象。因為公司剛剛創辦，和夫經常一早上班，深夜才回家，但每次經過這家公司時，總能聽到鐵錘的敲擊聲此起彼落，看到火花四處飛濺，工人們敲打著燒得通紅的鋼板，製造扳手等產品。和夫他宣稱要成為西之京第一，可是一看旁邊，就有這樣從早到晚叮叮咚咚忙個不停的公司。和夫他當時就有一種直覺，單是要超過這個鄰居就不那麼容易。

更何況，在中京區還有島津製作所及日本電池等大企業，想要超過這些公司，得花費多少時日，簡直無法想像。雖然他們揭示了高目標，但實際上，要過好今天這一天，就得全力以赴。為了做好客戶下單的產品，就得拼命努力，連考慮明天的餘力都沒有。坦率地說，他們雖然想把公司做大，但如何做大的藍圖或戰略，當時根本就沒有一丁點的籌劃。

儘管如此，稻盛還是反覆訴說，「早晚要成為世界第一。」一杯酒下肚，就念叨著：「早晚要成為日本第一，世界第一。」猶如念經一樣唱誦。雖說這是為大家打氣，但同時這也是他自己的強烈願望，「我們公司遲早要名滿天下。」起初，只要他一講，大家就說：「又來這一套了。」只當作耳旁風。但聽了幾次、幾十次以後，在無意識中，他們也漸漸認真起來了。和夫打鐵趁熱般地打動員工們的心：「現在工廠雖然弱小，但一定要胸懷大志。」

幸運的是，松下電子工業向他們大量採購鎂橄欖石陶瓷製品，用於電視機的生產。但是，由於設備和人員有限，而且很多員工不熟悉生產技術，為了讓批量生產走上軌道，新公司吃盡了苦頭，克服了一個又一個困難。日復一日、通宵達旦的工作讓所有人疲憊不堪。大家認為這樣下去的話，也許能撐上一周或10天，但終究無法長期堅持。有人勸和夫說：「這就像馬拉松，應該合理調配節奏。」對此，和夫如此回答的：「因為賽程很長，所以應該放緩節奏慢慢跑。但是，一個馬拉松的新手有考慮節

奏的餘裕嗎？在整個行業的馬拉松比賽中，我們是最後起跑的，是倒數第一。而且我們不是專業選手，即使全力奔跑，能不能追上，還不知道，即便拼命奔跑也未必有勝算。但是，至少在開始階段，應該以百米衝刺的速度奔勢，只要跑得動，就要竭盡全力往前跑。」

在晨會上，和夫鼓舞員工：「認真度過今天這一天，自然就能看到明天；認真度過明天，就能看到一周；認真度過這個月，就能看到下個月；認真度過這一年，就能看見下一年。在當下的每一個瞬間大家都全力以赴，這才是最重要的。」

就這樣，他們心無旁騖，持續奔跑了一整年。結果銷售額達到了二千六百萬日元，稅前利潤達到三百萬日元，實現了盈利。據說，宮木社長和西枝先生都做了連續幾年虧損的打算了，有這種成績真叫人大吃一驚！到了第二年，銷售額和利潤更是呈現倍增的現象。這是全員團結奮鬥的成果，也等於給新公司吃了一記「定心丸」！

〔番外篇〕岳父大人大有來頭

和夫與朝子談婚論嫁之前，完全不知道朝子的父親竟然是一個這樣的大人物。不過，和夫倒是與自己的岳父須永長春見過一面，那是岳父偶爾回國的時候，他們是在家裡見的面。

和夫說：「我記得我們兩個搞研究的談得十分投機。」

長春在稻盛與朝子結婚後的第二年夏天就去世了，但他和稻盛最後一次見面時，身體看上去還很健康。

據說，長春也興致勃勃地提到過對稻盛的印象：「他有他自己的哲學，將來自能成就一番事業。」

朝子的父親須永長春（本名禹長春）的父親是朝鮮人禹范善，他的母親則是日本人酒井仲。

「乙未事變」後爭氣的長春仍然寒窗苦讀，終於考進東京帝國大學農科大學實用

系。畢業後，他就職於農林水產省。其間，與畢業於長岡師範學校的小學老師渡邊小春邂逅，兩個人墜入愛河。可是，他們的戀情躲不開世俗的偏見，長春被渡邊小春的家人歧視，他們的戀情遭到強烈反對。但是，渡邊小春不僅沒有在反對聲中屈服，甚至為了和長春在一起，不惜與父母斷絕關係。

兩個人結婚時，一位名叫須永元的人收下這對年輕人，把他們作為養子女，並讓他們改姓須永。須永元師從福澤諭吉。他這麼做是想庇護這對新人，不讓他們在歧視中受到傷害。

後來，長春在人生道路上歷盡坎坷。雖然他在農業試驗場完成了一篇關於牽牛花的論文，可惜一場大火，燒毀了他辛辛苦苦研究出的成果。他又將目光轉向油菜，並繼續研究，提出了享譽世界的「禹氏三角」，在遺傳學和育種學上有著卓越的貢獻。

第二次世界大戰後，他在京都的洗井種苗當過農場長。有一天，ＧＨＱ的憲兵坐著吉普車過來說：

「我們接到韓國政府的請求。他們希望您這位在日本取得了輝煌成就的專家能夠回國，協助改良泡菜的原材料大白菜。」

雖然長春只會説日語，但朝鮮畢竟是自己父親的祖國，他毅然決定奔赴朝鮮半島。小春支持長春的決定，高興地送他出門。

而長春在韓國不負眾望，大展拳腳，贏得了韓國人民的尊重。

然而不久，傳來母親去世的噩耗。長春平素最愛母親，所以希望能立刻回日本為母親治喪。偏不湊巧，當時長春的請求沒有被批准。他直接找到當時的李承晚總統，也依然沒得到許可。長春預感到自己可能再也回不了日本了。

但是，長春並沒有因此而記恨韓國政府，而是在母親的告別式之時，為當時遭受旱災的人們挖了一口井。並將自己對母親的哀思寄託在井上，每日不懈打掃，權當為母親盡孝。

後來，長春病倒了。他病重的消息傳到日本，小春毫不猶豫地趕赴韓國，陪他走完了人生的最後一段路。一九五九年八月十日長春病逝。

韓國政府為表彰長春的功績，在其臨終前授予他「現代農業之父」的褒獎。釜山郊外的農業試驗場附近也興建了一座禹長春博士紀念館。他挖的那口井得以保存，至今仍為韓國民眾所敬仰。

第五章

火力全開：世界第一

人生（成功）方程式＝思維方式×努力×能力。

一直要思考到「看見結果」為止，

在工作中，要達到看見事情結果的心理狀態。

1．接受客製化的挑戰

人很奇怪，一旦被逼入進退維谷的境地，反倒會想開了，輕鬆了；改變自己心態的瞬間，人生就會出現了轉機。

京都陶瓷創業之初，主要依靠的是松下電子工業的訂單。因此，必須趁著還有訂單的時候開發新客戶。於是，稻盛只能衝到銷售第一線，跑遍了研究開發顯像管、信號收發器、真空管等電子管的製造商和研究所，包括日立製作所、東芝、三菱電機、索尼、日本電信電話公社的電信通信研究所等。

因為U字形絕緣體這種新型陶瓷高頻絕緣材料是新材料，之前沒有實際應用的案例，所以推銷要花很長的時間。「這是我們開發的高頻絕緣材料，性能卓越，請您一定試用一下。」當他拿出樣品，觀察對方的反應。這中間，有的廠商表示出興趣，「那麼，用這種材料，做這樣的東西，你們能做嗎？」說著就把圖紙給我看。那些產品幾乎都是日本從未有過的產品，而且要求的精度和性能是我們現有技術不可能達到

的。不過，稻盛當時表示「我們能做得到！」接下訂單。如果是現有的老牌廠家能夠生產的產品，因為他們有信譽，訂單肯定會給他們。京瓷沒有名氣，只能接受其他公司做不了或不願做的訂單，這是京瓷唯一的生存之道。

這種時候，如果沒有相關的設備，他們就去找有這種設備的工廠或工業試驗場，同對方交涉，向他們租借。在對方下班的時候我們進去，到第二天早上，對方開工之前把設備交還。當然，這樣一來，他們就得通宵工作。所以稻盛一邊白天跑銷售，一邊晚上搞研發，一人兼二職，向未知的、首創性的產品製造發起挑戰。

銷售活動不局限於大城市，還要去拜訪各地的廠家。有一件事，讓和夫無法忘懷。當時，正值嚴冬，他和專務董事青山政次先生一起去拜訪一家位於富山縣立山腳下的電阻器廠商。當地被深深的積雪覆蓋，他出生在南國的鹿兒島，特別怕冷。雪灌進了鞋子裡，腳凍得難以忍受。好不容易到了這家公司，但對方卻說：「對你們的產品，我們沒興趣。」吃了個閉門羹。「讓我們見一下貴公司的技術人員吧！」不管他們怎樣懇求，對方還是不理不睬。毫無辦法，饑寒交迫的兩個人默默無語，垂頭喪氣地回到富山車站。

車站的候車室有個火爐，他趕緊把手伸到火爐上取暖。旁邊就是個煤堆，暖爐被燒得通紅。剛鬆了口氣，突然聞到了一股焦煳味。一看腳下，他那件寶貝大衣的下擺竟然被燒著了。原來因為實在太冷，他與火爐貼得太近了。

青山先生曾經接過一筆意料之外的訂單。作為開拓新客戶的重要一步，他先從關西地區尋找到了突破口，走訪了三菱電機伊丹製作所。正巧三菱電機需要冷卻通信管道的陶瓷蛇管，卻沒有公司願意承接。

正在犯愁之際，聽說京瓷什麼訂單都願意接，「既然如此，那就拜託你們了。」客戶定製的是一種外徑30cm、內徑20cm、高60cm的大型陶瓷圓筒，其中冷卻用水通過的空洞呈雙層螺旋狀。面對如此複雜的形狀，聽說連技術實力雄厚的某絕緣子專業廠家都謝絕了。三菱電機出價一根5萬日元，一個月至少要用10根。

這對當時的京瓷來說，是很有吸引力的。青山先生認為，使用擠壓機，總有辦法做出來，而且利潤可觀，便接下了這件生意。但這並非新型陶瓷，而是普通陶瓷，況且連專業廠家都拒絕了。稻盛也很吃驚：「這未免大膽過了頭。」但是現在再說不行，已經為時過晚。反正，稻盛天生就一股不服輸的勁頭，而且到了這一步，也只能

知難而上了。

為了解決蛇管的尺寸比他們手頭的擠壓機的口徑大的問題，首先裝上一個接頭，然後，通過旋轉一個外徑為20cm的木製外框，讓擠壓出來的黏土附著其上，這樣尺寸的問題就順利地解決了。但是又遭遇到乾燥難題。因為沒有乾燥室，他們就把它放在電子隧道爐下面的平板上烘乾。由於放著烘乾時受熱不均勻，蛇管出現了裂縫。十根裡面，往往有七八根都有裂痕，只有二三根是合格品。

這個乾燥中的裂痕問題可讓人大傷腦筋。一般來說，要烘乾大型黏土製品，都要在乾燥室裡，調節好溫度和濕度，慢慢烘乾。可是，他們沒有資金購買烘乾設備。這時，稻盛突然想到，用布把出現裂痕的兩端包住行不行，於是他立即用布把剛成型、濕的蛇管裹住，而且，為了讓每個面都能均勻乾燥，稻盛邊抱著它睡覺。一邊從上方給它加濕，同時適時旋轉，以達到均勻乾燥的效果。整個晚上稻盛都像著一個嬰兒一樣，守到天明。這樣一來，十根產品中，有七八根都合格了。

因為缺乏資金，他們只能絞盡腦汁。他們拼命努力，動腦筋，想辦法，克服了種種困難，最終把事情做成了。幾年以後，有一家大企業申請一項專利——在對大尺寸的圓形陶瓷產品進行乾燥時，用布包裹。稻盛得知後很驚訝，他們公司早已實際使用的方法，居然還有人申請專利。這項工作很費力，卻不賺錢。然而，連專業廠家都不敢做的產品，作為外行，京瓷卻出色完成了，滿足感油然而生。

從接下訂單到最終完成，花了三四個月的時間。員工們最終都認為做不出來，但就在這當口，稻盛執著的信念，給全體員工植入了「決不放棄」的信念。對於稻盛說，這方面的收穫才是值得高興的。

為了在東京立足，他們在那裡設立了辦事處，安排了負責人，天天走訪廠家。然而，京瓷沒有名氣，在日本，新手參與，壁障很厚，要打入競爭對手的勢力範圍，談何容易。挫折連連，讓稻盛懊惱不已。

當時，日本的大型廠家大多從美國引進技術。於是稻盛就想，既然如此，就應該先設法讓美國廠家使用我們的產品。美國市場開放，公平透明，他們可以憑實力佔據一席之地。如果在美國一炮打響，那麼日本的廠商也就會競相採用京瓷的產品了。

2．「無論如何都要贏」

一九六二年（昭和十七年）夏天，稻盛和夫隻身一人前往美國闖天下，預計出差一個月，這是他第一次出國。那年代是固定匯率，1美元兌換360日元，攜帶外幣出境還有限制。他帶了相當於一百萬日元的美金，這對於剛建立四年的公司來說，這絕非是一個小數目。

出發前一天，和夫去拜訪了住在千葉縣松戶市公團住宅的朋友，在那裡學習了西式洗手間（廁所）的使用方法。出發當天低雲籠罩，眼看大雨將至。家人、公司全體幹部都來送行，送行人中甚至有人直接穿著工作服，連夜坐火車從工廠趕來。

在紐約，拜託一家商社居中介紹，他每天都去該商社的事務所。接待他的職員雖然也幫忙安排，但只是簡單聯繫一下，他根本進不了想進的企業。如果他懂英語，就可以自己一個人去闖，但是因為不會講英語，連吃飯點菜都困難。別無選擇，只好每天都待在事務所，直到深夜。早上也在事務所開門前就等在門口。也許是他的執著打動了他們，對方終於開始帶他去走訪客戶了。每當他拿出了樣品之際，客人都會一陣驚歎，做工太精緻了！

其中甚至有陶瓷廠家還提出了「希望把這種加工技術教給我們」。但關鍵的商業談判卻毫無進展。不過，這次美國之行，可讓稻盛接觸到發達國家的新鮮空氣，同時京瓷的技術水準也獲得了認可。他憑這兩項安慰自己，但具體成果為零，他只能帶著遺憾無功而返。

一個月的美國之行快結束了，在回國前夜，這家商社為他舉辦了告別酒會。席間，這家事務所所長致辭說：「至今為止，我們在美國接待了許多來自日本的客戶，但沒有一個人像稻盛先生這樣敬業，每天都來上班，只顧工作，心無旁騖。多數人對工作都是馬虎湊合，淨想著觀光遊玩。所以，該向稻盛學習的是我們。」

稻盛帶著悲壯的情懷，下決心來美國，但這家商社沒能滿足他的期望。「我用公司寶貴的經費來到美國，爭分奪秒地完成工作任務，希望能夠帶著成果早日回國。我原來期待，在貴公司的幫助下，能夠順利打開局面……不過，預定的日程算是平安結束了。」稻盛的致辭說不清是感謝還是不滿。隨後他為大家演唱了日本當時正流行的

歌曲——村田英雄的《王將》，他改換了裡面的歌詞（括號內的是原歌詞。）

明日我將赴紐約，（我明天要去東京）
誓將勝券手中握。（無論如何我都要贏）
燈光入雲通天閣，（在通天閣，天空亮起來）
滿腔鬥志如烈火。（我的鬥志再次燃燒了）

結局如此慘淡，還能再來美國嗎？稻盛一邊這樣想，一邊又不服輸地想，總有一天要捲土重來！

這時，參加送別會的一個美國女員工問他，學生時代練過什麼體育項目。他說練過空手道，她就說想見識一下？稻盛看了一下四周，一邊堆有塑膠板，是用來鋪辦公室地板的。於是他將15塊塑膠板疊在一起，猛擊一拳，塑膠板頓時一分為二。

剎那間，他的手指濺出鮮血，把蓋在塑膠板上的手絹都染成一片紅色。要是日本女性，就可能嚇得背過臉去。到底是美國女孩，看見飛濺的鮮血，反而興奮歡呼起來。看稻盛和夫那麼認真老實的一個人，一旦遇事，居然有這麼大的勇氣。她欽佩之餘，還跑過來要求跟他握手。

此後，稻盛和夫到海外拓展業績的願望與日俱增。兩年後，他又經由香港，到歐洲和美國出差。這次他有了一位得力助手，就是原松風工業的貿易部長上西阿沙（後擔任京瓷副社長），一年前進了京瓷公司。上西比他大十一歲，在加拿大溫哥華長大。英語自然沒問題，而且上西還精通貿易業務，在各國都有人脈。和夫心想，這次是依靠自己人，與不能按他的意圖開展工作的商社相比，效率一定會提高百倍。於是，兩人精神振奮地踏上旅程。然而，事與願違，他們倆在每件事上都發生衝突。

稻盛的態度是：不管用什麼方法，哪怕闖入客戶的公司，也要把產品推銷出去。這次再也不能空手而歸了。他的決心很是悲壯。但是，事不遂願，每天拖著疲憊的身軀回到旅館時，他就抱頭哀歎：「今天又白幹了，公司的寶貴經費又打水漂了。」

看到稻盛和夫這個樣子，上西卻異常冷靜：「努力了也拿不到訂單，這也是常有的事啊！」

「這樣下去公司會倒閉的，我請你上西君一起來，就是為了拿訂單的啊！」

「拿不到的東西就是拿不到嘛，事情總需要一個一個地解決。」

兩個人你一言我一語，話不投機，聲音就大起來了。

維也納、羅馬、倫敦，還有巴黎，無論走到哪個地方，所有人對京瓷的技術水準之高，都感到瞠目結舌，但就是沒有訂單成交的。有時稻盛和夫會因為覺得「愧對公司夥伴」而流下眼淚，上西看到居然因為這個而哭，顯露出無法相信的神情。雖然是日本人，但畢竟是在國外國大的「洋人」！

稻盛希望上西能毅然拋棄他的那些常識，傾注超越極限的努力，和他共同打造一家所有人都能同悲共喜的公司。他希望上西把自己變成一個「善於感動」的人。

一天又一天，稻盛不厭其煩，反覆對上西說：「即使目前的商談沒有結果，但是我們必須一味地努力再努力，努力到讓神靈感動，讓神靈因為可憐我們，所以說明我們獲得訂單。除了付出這種程度的努力之外，別無他法啊！」

上西最初很抗拒，後來終於成了和夫最親密的同志。在京瓷的海外戰略中，上西發揮了核心作用。與此同時，全球奔走的辛勞也開始開花結果了。

一九六四年年底香港的微電子公司、第二年美國的仙童半導體公司（即快捷半導體Fairchild Semiconductor）等先後與京瓷洽談生意，並開始向批量採購電晶體用的陶瓷串珠。

3．我們是一家人

一九六四年（昭和三十九年）4月，京都陶瓷迎來了創業五周年紀念。公司由成立時的28人發展到了150人。為了隆重慶祝公司五周歲生日，全體員工來到了遠在和歌山縣的白浜溫泉。以此為契機，青山政次正式就任公司第二代社長，稲盛和夫則升任為專務董事。

之前在京都向宮木電機租借的廠房如今已顯得過於狹小，因此稲盛和夫一直在尋找合適的場地。這時，正在熱心招商開工廠的滋賀縣蒲生町聯繫到了他們，對方說有一塊七千八百坪的土地可供他們使用。於是，稲盛開著第一輛公司用的速霸陸

（360cc）小車子前往現場。

那裡原本是軍用射擊練習場，是一片地勢較高的丘陵。北側計畫要修建名神高速公路（名古屋到神戶），並且距離計畫中的八日市高速路出入口也很近。稻盛站在那片荒野上，心中描繪著未來多座廠房林立的藍圖。一九六三年京瓷公司在那裡建成了第一棟廠房，然後不斷增建，一九六六年公司總部也搬了過去。

滋賀工廠廠房的旁邊有一片松樹林。稻盛本想把那裡當作放置不良品的場地，可偶然在那兒發現了松茸。他們採摘了很多，辦了一個自助松茸牛肉火鍋。但這卻招來了當地人的不滿——「不能隨便摘採」，雖然他們堅稱「這是在我們廠區之內」，但對方依然不依不饒：「自古以來，這一帶的松茸就是這個地區的共同財產。」所以他們也不能無視當地的風俗習慣。因此，松茸大餐第二年就和公司無緣了。

從街道工廠起步的公司，已發展到超過百人的規模。與此同時，稻盛卻有了一種擔心。至今為止，他們依靠滿腔熱情迅速成長。但是，大家會不會失去開拓者的熱忱呢？會否會淪落為一家隨處可見的、稀鬆平常的公司呢？這樣的恐懼感在稻盛心中與日俱增。

稻盛和夫經常使用「同志」「夥伴」這樣的詞。因為他們公司的創業背景和一般企業不同。是以稻盛和夫融為中心，八位同志聚集一起，由出資幫助京瓷的朋友做股東，公司才得以起步。相互之間的心靈紐帶是基礎，公司內部人與人之間的關係，不是經營者與員工的縱向關係，而是朝著同一個目標，齊心協力，共同實現夢想的「同志」關係，也就是所謂的橫向的「夥伴關係」。創業以來，他們心心相連，誓言彼此為大家，不惜一切努力。可以設想，這樣一家弱小的公司，有一天如果大家離心離德的話，必將一事無成。

10個人或者20個人組成一個大家庭，就會產生很強的一體感。比如說，負責銷售的人飛奔回來說：「接到訂單了！」在場的人都會興奮歡呼，都像是自己的事一樣。深夜，「賣烏龍麵的來嘍！大家歇一歇，一起吃麵吧！」氣氛頓時熱鬧起來。這就是街道小廠的魅力。稻盛認為，能夠像一家人一樣經營企業，員工和公司都會很幸福。

從這個意義上講，為了最大限度地發揮個人的能力，為了讓大家懷著喜悅的心情投身於工作，該怎麼做才好呢？和夫認真思考這個問題。最後他想到，只要回到創業之初的狀態不就行了嗎，就是讓大家都變成經營者。把公司按照工序、按照產品類

別，分為若干個小組織，讓它們都像一個街道小公司一樣，自主經營，獨立核算，獨立運營。這些小組織並非一成不變，它們能適應環境的變化，進行自我增殖，因此被命名為阿米巴（阿米巴變形蟲，是單一細胞，可根據需要而改變體形，靈活度高）。即使公司越變越大，但只要按照事業目的，將企業劃分成獨立核算的小組織，那麼，像中小企業經營者一樣，擁有經營者意識的領導人和員工就會不斷湧現。

不僅如此，由於阿米巴的全體成員都知道自己阿米巴的目標，都為實現目標各盡其職，這樣，個人能力能獲得提高，也能勁頭十足，投入工作。但是，實現這個目標的前提是，公司必須具備普遍正確的經營哲學。在京瓷的經營理念中，公司並不是只為少數人謀利益，而是為所有夥伴，也就是為全體員工謀幸福。正因如此，員工們才會與經營，努力提高業績。

在此基礎上，稻盛不斷對員工們強調擁有「關愛之心，利他之心」非常重要。由於採用了徹底的獨立核算制度，各阿米巴都全力以赴，努力提高自己部門的收益。但是，這又會在不知不覺中滋生「只要自己好就行」的利己意識。這樣的話，各阿米巴之間就會出現相互拉後腿的現象，結果導致公司內部瓦解。因此，各阿米巴一邊要堂堂堂正正地展開競爭，一邊又要相互體諒成為一個大團隊，這樣阿米巴經營才能獲得真正意義上的成功。

由於阿米巴經營的基礎是「利他哲學」，所以並沒有形成高業績與薪酬直接掛鉤的機制。取得了優異的業績，意味著為大家做出了很大的貢獻，對於這樣的阿米巴，給予的是表彰和榮譽。得到的是為大家做出貢獻的滿足感，以及來自親密夥伴的感謝和讚嘆，這才是人所能獲得的最高報酬。

「利他哲學」以及在此基礎上建立起來的「阿米巴經營模式」，兩者融為一體，支撐著公司的發展，成就了今日的京瓷。如今，僅日本國內，京瓷的員工就超過了一萬三千名，阿米巴的數量超過三千個，並且勢頭有增無減。

在實踐阿米巴經營的同時，為了把員工的心凝聚在一起，他還頻繁舉辦「空巴」（聯誼酒會）雖說是酒會，但和社會上一般的宴會又很不一樣。雖然也有飯菜和酒水，但是並不喧鬧嘈雜。大家圍坐在一起交杯換盞，訴說自己工作中的煩惱，談論職場的問題，甚至談到各自的人生觀等等，不管什麼都可以交談。稻盛喜好議論，常常到天亮前都不願放下酒杯。他特別鼓勵舉辦空巴，無論在公司總部還是在各地工廠，

稻盛都要他們設置用於空巴的日式房間。

雖然有人說「這種做法太過日本化了」，可是稻盛認為，「沒有比促膝而坐、侃侃而談更好的溝通方式了。因為只有在這個時候，才能不分上司和部下，全員坦露胸懷，直言不諱，相互建言。」有時，在旁人看來，還以為他們在吵架呢，但只有讓大家展開激烈的辯論，京瓷哲學的精髓才能傳遞給員工。空巴是心靈和心靈聯結的絕佳聚會場所，同時也是教育的現場。

滋賀工廠開工不久，深夜，公司內的空巴已經散場，但大家還不願分開，還要去小鎮上再喝一杯。出了工廠，外面已是漆黑一片。眾人排成一列，行進在田間小路上，周圍蛙聲一片。到最近的小鎮，至少也要花一個半小時。當時，他們的目標是瞄準世界第一，整個團隊意氣風發。

一九六六年，公司建成了兩棟廠房以及一幢兩層宿舍，總部也從京都遷到了滋賀工廠。公司開通了通勤用的交通車（實際上是中型麵包車），載著女職員每天早上從京都出發，九點到達滋賀工廠。每天往返時，都要在搖晃的交通車裡待上兩小時，真的很辛苦。另外，稻盛下令，以我為首的幹部們都要入住宿舍，以節省上下班時間，便於在一線指揮工作。

一九六六年4月，突然喜訊傳來。京瓷得到了盼望已久的IBM公司的訂單——用於IC的氧化鋁基板（積體電路用的電路板），訂單數量高達二千五百萬個。

競爭對手是德國的陶瓷領軍企業盧臣泰公司和德固賽公司。當時京瓷年銷售額5億日元，而這一大單就達1.5億日元。公司上下一片歡騰，大辦火鍋空巴，吃完後還不盡興，又一起殺到八日市的酒館街上海喝一通，好不熱鬧。

後來，稻盛和夫回憶說——

現在回想起來，這卻是難以想像的艱難歷程的開始。雖說是翹首以待的訂單，但IBM公司的產品規格之嚴，比常規高一個數量級，多次試製都不過關。

事實上，以當時京瓷的技術水準實在難以應對。一般的訂單（都是在一張圖紙上簡單地標注規格尺寸，但是IBM公司的規格書有一本書那麼厚，極為詳細。從基板的特性到密度、表面粗糙度、尺寸精度，連測量方法和測定的工具都寫了進去。比重、滲透性、吸水率自不待言，尺寸精度比以前高出一個數量級。而那

時我們甚至連測量這種精度的儀器都沒有。

但我的鬥志反而被點燃了。這是把本公司的技術提升至世界頂尖水準的絕好機會，再沒有比IBM要求更高的客戶了。這個基板將被安裝在IBM公司的暢銷產品大型通用電腦System/360上。

如此重要的戰略產品的核心部件，沒有選擇業績卓著的盧臣泰（Rosenthal）公司或德固賽（Degussa AG）公司，而竟為向一家默默無聞的日本中小企業訂購。仙童（快捷）半導體公司也是如此。

這些世界一流企業都注重公平性，只要你有好的技術一定會給予相應評價，不在乎過去的實績和知名度。我們立刻配備了30台自動衝壓機、2台大型電子爐以及測量精度用的萬能投影儀等必要的最新設備。而且，我親臨一線，指揮從原料調配、成型到燒製的所有工序。

接到訂單後的第二個月，即5月份，稻盛和夫在一片匆忙中就任社長。那年他34歲，是創業的第八個年頭。他在滋賀工廠宿舍的雙人房內，房間裡有一張雙層床，下鋪是家在京都的杉浦正敏常務董事。有時他工作到凌晨5點才上床睡覺，而公司是早上7點召開早會。

有一次，杉浦看到他正在呼呼大睡，鼾聲雷動，不忍叫醒他，自己悄悄出去了。稻盛一覺醒來時已經11點了，翻身起床匆匆趕過去，責怪杉浦為什麼沒有叫醒他。因為無論前一天工作到多晚，他都要出席早會。

3個月，5個月，時間無情地流逝，眼看著不良品的小山越積越高。好不容易，在最終期限到來前，按規格生產出了20萬個產品。想著能鬆一口氣了，但卻即刻被客戶判定為次品，全數退貨。IBM公司的採購負責人和技術人員來到工廠，說：「把京瓷的產品放到IBM的自動判別機上，由於坯體帶有黃色，所以無法進行合格判斷。」為了做成白色的坯體，我們只好重新調配原料，再次開始令人煎熬的作業。

「終於收到合格通知了！」稻盛興奮地一躍而起，醒來才發現原來是南柯一夢。有一天，稻盛在午夜2點左右來到工廠，想鼓勵工作到深夜的員工們。一個負責衝壓的員工正默默地站在陶瓷爐前面，當稻盛走到他旁邊，發現對方雙肩顫抖似在抽泣。問其原因，原來爐內的溫度不均衡，導致尺寸上出現了細微的偏差。他原來斷定今天

一定會成功，可打開爐子取出來一看，還是有偏差，這讓他非常沮喪。

稻盛對他說：「今天先休息吧！」可他依然一動不動。稻盛問這位負責人：「燒製的時候，『神啊！請讓我燒製成功吧！』你這樣向神靈祈求了嗎？」稻盛想表達的是，是否已經竭盡全力？努力到最後，除了向神靈祈求之外，已經別無他法了。

「向神靈祈求了嗎？向神靈祈求了嗎？」這句話對方重複了很多遍後，對稻盛點點頭說：「我明白了，我再從頭開始做。」不久，他終於攻克了這道難關。

產品合格的美夢成真，是在接到訂單7個月之後。但是，這僅僅是一個開始，我們必須在交貨期限內完成二千五百萬個產品，這是一個龐大的數字。於是公司進入了全速運轉的狀態，以24小時二班制的方式實現月產二百萬個的目標。從原料的調配到成品的檢驗，稻盛都親自上陣，對現場工作進行指導。一旦出現次品，就用放大鏡仔細觀察，對發現的問題逐一加以改進。

滋賀縣經常下雪，一到下大雪，交通就會中斷，就算派出班車去各地接人，也無法全面開工。將近中午，一位兼職的女員工渾身是雪，出現在工廠，只說了句：「這麼晚才到，真是對不起。」馬上向沖壓機跑去。據說她是從近江八幡足足走了兩個半小時才趕到的。

在兩年多的時間裡，無論是盂蘭盆節、還是新年，京瓷全體人員都沒有休息過，終於趕在規定期限內交貨完畢。目送著最後一輛載貨卡車離開工廠，稻盛深切體會到：「人，真是能力無限啊！」同時，他也深刻感受到，持續抱有不達目的誓不罷休的強烈願望何等重要。

此外，IBM公司的採購負責人艾瑞克．喬的話讓稻盛回味。他說：「完成了這項工作，京都陶瓷的技術將有一個飛躍性的提升。」經受了世界頂級企業的嚴酷磨煉，京瓷的這種自信，是任何東西都無可替代的。

京瓷公司生產的印刷電路板（PCB或PWB）得到了IBM高度評價的消息不脛而走，很快傳遍了日本國內的電器．電子製造業。

「京瓷印刷電路板神話」由此誕生……

一九六八年，還有一件喜事。京瓷公司獲得了第一屆中小企業研究中心獎。這是由期團法人中小企業研究中心（通產省的週邊團體）從這一年開始設置的獎項。它以

全國中小企業為對象進行選拔，而這是京瓷第一次受到官方的表彰。獲獎的理由是：在鎂橄欖石陶瓷、高純度的氧化鋁陶瓷領域，開發了舉世無雙的獨創技術，並且向國內外的電子設備製造商提供、出口了高品質、高精度的產品。

當時日本大部分的電子設備製造商都還在依賴從海外進口的陶瓷產品，而京瓷公司反而能向國外出口高品質的產品。京瓷在技術開發方面的努力及其成果獲得了高度的評價。

同期獲獎的還有笹倉機械製作所、古野電氣、林製作所、京藤工業這四家公司。獎金是一百萬日元。這是全體員工努力的結果，理應回饋給大家，因此稻盛買來盒裝的紅豆飯（日本人家有喜事有吃紅豆飯慶祝的習俗）分發給大家，並且多次舉辦空巴，把獎金用了個精光。

幾年後，獲獎公司聚會時，談到了獎金的用途。一大半的企業都說用到了研究開發上，稻盛則誠實地告訴大家：「過去我一直承諾，要是拿到獎了，就舉辦慶功會犒勞大家，所以獎金都讓我們喝酒用完了。」稻盛認為，這才是更有活力的散財之道。

4．向全世界出發

一九六八年2月，京瓷公司首次派遣駐國外工作人員前往洛杉磯，準備齊設辦事處。同年8月，駐美人員辦事處在洛杉磯丸紅飯田內開張，並以此為據點，開始了波濤洶湧的海外攻勢。

第二年的7月2日，京瓷在美國加州北部的薩尼貝爾市設立了當地企業京瓷國際，開始構建海外銷售體系，將同日竣工的川內工廠生產的IC封裝產品銷往全世界。

之後，一九七〇年，在盛大的大阪世博會舉辦之際，京瓷又收購了仙童半導體公司主動出售的聖地牙哥工廠（KII），開始正式進軍美國市場。

聖地牙哥工廠是仙童半導體公司投資約一百萬美元、擁有最尖端設備的現代化工廠。然而，在半導體業不景氣的情況下，為了實現經營的合理化，仙童半導體公司以向京瓷公司穩定地提供了IC封裝訂單為條件，提出出售聖地牙哥工廠。

起初，稻盛並無意收購，因為這個工廠每個月有高達10萬～20萬美元的赤字。但

隨著談判的深入，收購價格不斷下調。稻盛仔細想了想，由於貿易摩擦不斷激化，美國將來可能會限制電子零部件的進口。為了防範這一風險，在當地有一個調配據點也很不錯。

稻盛對自己的經營方式很有信心，認為絕對能扭虧為盈，於是決定收購。就這樣，一九七一年3月，被收購後的聖地牙哥工廠重新「出發了」。

恰好在這一年，麥當勞在日本的第一家店在銀座三越開業。第二次世界大戰後經過26年，日美兩國的隔閡逐漸減少。但遺憾的是，稻盛卻依然深切地體會到兩國在經營風格上的差異。

那是稻盛去美國視察工作時發生的事。他總是像往常一樣提醒員工：「那樣做有些不太好，請你這樣做。」

稻盛在日本國內也經常巡視現場，看到有東西掉到工廠的地上，就會命令工人立刻撿起來。他認為，如果掉的是材料的話，會造成浪費；如果是垃圾的話，又會有混入材料中的危險。而且，職場是一決勝負的地方，也是神聖的場所。稻盛是不允許有人把那兒弄髒的。

「粗枝大葉的人只能做出粗糙的東西。」這是稻盛的信念。文件沒有擺放整齊，他也會大發雷霆。

雖然稻盛一直都是這樣做的，然而，這次卻受到了工廠廠長的指責：

「在現場直接指揮工作不是總公司社長應該做的。您只要指揮我們工廠的廠長及以下的管理幹部去做就可以了。在美國如果像您這樣，會被現場的人看不起的，他們甚至會失去在這家工廠工作的自豪感。」

工廠的廠長認為有色人種，並且還是來自戰敗國的日本人，本來就會被美國人看不起。身為企業老闆的稻盛如果被人小看，連他這個工廠的廠長都會很難做，因此才對稻盛如此建議。

但是，稻盛無法接受這種觀點。他認為也許價值觀和習慣上會存在差異，但是應該堅守的原則就必須堅守。

結果，事情還是向工廠廠長擔心的方向發展了。

有位曾經駐紮日本沖繩，當過海軍軍人的員工頂撞稻盛和夫說：「我憑什麼被小日本訓斥！」

儘管這名員工被立刻辭退了，但在工廠的廠長看來，這應該是聞所未聞的事。

儘管如此，稻盛並不打算改變自己的想法。因為他堅信「用原理、原則思考」這一京瓷理念應該在全世界都通用。

後來，代替稻盛在此奮鬥的，是京瓷的派駐人員。

為了重建聖地牙哥工廠，京瓷從日本派出長谷川桂祐（後來的專務董事）等五人，他們不分晝夜地努力工作著。

為了慰問他們，稻盛趁著在當地出差的周日休息時間，在港口租船帶大家出海釣魚。聖地牙哥的海產十分豐富，大家接連釣到梭子魚，不時發出歡呼聲。

然而，工廠一直沒有實現盈利，與當地員工的溝通也不順暢，大家感覺壓力大到了極限。在晚上的空巴上，長谷川他們紛紛委屈得落淚。

「既然這麼辛苦，乾脆帶你們回去吧……」

稻盛也這麼想過，但長谷川央求稻盛，無論如何讓他們繼續幹下去，稻盛決定暫時讓他們再幹一段時間看看。

稻盛回國時，面對前來機場送行的長谷川一行，鼓勵他們說：「不要害怕失敗，把投資在KII（京瓷國際）的五百萬美元當成花在你們身上的學費就行了。你們要把京瓷精神發揮到極致。只要你們的做法是對的，美國人最終一定會跟著你們幹的。」他還和每個人都一一緊緊地握手。

長谷川說：「稻盛先生說的這些話，我們至死都不會忘。」這種刻骨銘心的感動深深地銘刻在他們的心底，不斷支撐、鼓舞著他們。最終，長谷川他們的執著終於迎來了收穫的日子。在收購後的第三年，即一九七三年，KII聖地牙哥工廠終於成功地實現了盈利。

稻盛絕不像美國的一般企業家那樣將裁員視作日常的經營手段，因此他的「員工第一」的經營理念得到了員工的理解，雙方建立了深深的信賴。做到這一點，至少花了三年的時間。

所謂的「稻盛主義」並非單純的精神論，實際上是有合理的事實依據。聖地牙哥工廠的員工們逐步理解之後，終於不再抵觸京瓷式的晨會了。之前的一切不愉快彷彿都成了過眼雲煙而消失了。當員工們的臉上浮現出為在KII工作而自豪的表情時，「KYOCERA」（京瓷）的名字也開始在全美變得家喻戶曉了。

在美國還發生過一件令稻盛震驚的事。

稻盛很討厭亂打電話，京瓷成立時就曾明文規定，禁止上班時間打私人電話。有一次，他在聖地牙哥工廠看到一位男員工打了很長時間電話，而且看樣子明顯打的是私人電話。稻盛用在日本同樣的語氣批評了那位員工，然後追問了一句：「你剛才往哪兒打電話？」對方回答「新澤西」，稻盛聽了大吃一驚。

那可是東京到大阪的距離大約400公里，而那位美國員工是從美國大陸的西岸往東岸打電話，從距離上看將近4500公里，差不多是東京到大阪之間距離的11倍。

或許稻盛責備這位員工，也因為想到了昂貴的電話費吧。假設用這個通話費為基礎計算，稍微少算一點兒，通話時間為10分鐘，東京到大阪之間需要花費1500日元，那麼如果換作聖地牙哥到新澤西之間的距離，就要高達16500日元了。這也難怪稻盛會「大吃一驚」了。

然而，這位員工卻反問：「老闆，你知道我剛才花了多少電話費嗎？」

一問才知道，美國的電話費只是日本的九分之一。

儘管稻盛還是批評了那位員工，教育他不能在上班時間打私人電話，但他內心卻被美國的電話費之便宜震撼了。而這一震撼，後來產生了深遠的影響——很可能埋下了「第二電電」萌芽的種子了。

後來為了建立IC封裝的生產基地，稻盛開始物色新工廠的廠址，最終選定距離京都很遠的鹿兒島縣川內市（現在的薩摩川內市）。它位於稻盛的老家小山田再往西北一點兒的地方。

新工廠的產品幾乎全部出口到國外，因此工廠沒必要選在商業區附近，反而首先需要考慮的是土地價格這個因素。當然，在日本各地政府都在招商，吸引企業前去開工廠的情況下，稻盛將廠址選在鹿兒島，主要還是出於對故鄉的報恩之心。

母親紀美非常高興。後來接受雜誌採訪時，她是這樣回答的：

「當兒子對我說『媽媽，我想在這裡建廠』時，感覺就像是做夢一樣。」

而稻盛的父親畩市還是一如既往的小心謹慎，他有些擔心地說：「搞得這麼大，不會有問題吧？」

在建設工廠前，稻盛曾多次往返鹿兒島，因為想吃母親紀美親手做的菜，他總是

住在父母家裡。同行的管理人員也和他一起住了過去。大家在有佛龕的八張榻榻米大的房間裡並排睡覺。那是稻盛患肺結核時睡過的房間。一般能住四五個人，多的時候也住過十個人。儘管這麼多人到家裡吃住，紀美也沒有一絲不悅，反而很高興地為他們準備飯菜。

川內工廠開工定在一九六九年7月2日。不巧的是，那天下起了傾盆大雨，川內河漲水，橋也禁止通行。但是，竣工儀式的主角是不能缺席的。

水已漫到了鐵橋上，稻盛不顧危險，扶著橋欄杆慢慢過橋。令人驚訝的是，他身後還跟著一位年輕女性。

「太危險了，快回去吧！」稻盛顧不上自己的安危，趕緊制止她。

但對方說非過去不可，必須過橋。

稻盛問：「你到底要去哪兒？」

沒想到她回答：「去京瓷。」

「只要有這樣的員工，川內工廠一定能成為了不起的工廠。」

稻盛感動地拉著她的手，一起平安地過了橋。

但遺憾的是，川內工廠實現盈利的道路並不平坦。就像往沙漠裡潑水一樣，川內工廠需要追加投資。即便如此，還因為出現了次品之類的狀況，工廠持續虧損。

「上個月虧損了二千萬日元，這個月虧損了三千萬日元。」

稻盛一邊說著虧損的金額，一邊持續向現場施壓。

當然，稻盛並非只會對現場員工施壓。參加過川內工廠建設的小山倭郎訴說了這樣一段回憶——

小山被任命為標示牌產品研發團隊的負責人。因為做出來的樣品總不符合標準，急得他晚上睡不著覺。有一天，稻盛從京都飛了過來。

他大致聽了一下小山的彙報後，突然說：「去游泳吧！」

小山壓根兒沒這心情，說：「交貨期迫在眉睫，哪裡還有心思去游泳。」

「沒關係的，走吧！」

稻盛強行拉著小山，和現場管理團隊的員工一起去了附近的海邊。他們在海邊抓文蛤（即蛤蠣）用篝火烤熟，然後一邊喝著罐裝啤酒一邊品嘗。

「無論工作上遇到多大的困難，也不能失去內心的從容。」

一九七〇年12月，川內工廠終於扭虧為盈。雖說僅用了17個月的時間，但對於每個月都把盈利視作理所當然的京瓷而言，這已經是一次漫長的等待了。

從那以後，川內工廠的發展可謂勢如破竹。一九七一年，川內工廠成為月產量一千萬個的世界第一陶瓷IC封裝工廠。甚至有人評價，如果沒有川內工廠，矽谷的發展速度將大大地滯後。

由於該工廠開發了大型積體電路用陶瓷多層封裝的量產技術，一九七二年，京瓷公司榮獲日本製造業的最高榮譽——大河內紀念生產特別獎。

當時，稻盛的恩師內野正夫先生正身患重病。

那年，內野老師當時已經80歲了，因前列腺癌住進了東京三井紀念醫院。即便如此，據說他還是常對陪伴在他病床旁的家人講稻盛的故事，因為他真的很喜歡稻盛。

在獲得大河內紀念生產特別獎的第二年，稻盛在美國出差途中得知內野老師的病越來越嚴重，回來便直接從羽田機場趕往醫院。

他一進病房，就看到躺在病床上瘦骨嶙峋、與以前判若兩人的內野老師。

然而，大概是因為看到久違的稻盛而感到高興，據說內野老師努力睜大眼睛，用

過去には感謝を
現在には信頼を
未来には希望を

完全不似病人般的中氣十足的聲音反覆說：「稻盛，沒什麼的，沒什麼大不了的。」

大河內紀念生產特別獎的名稱來自大河內正敏（一八七八～一九五二年，物理學者、實業家），他是一位非常出色的科學家。和他工作上有過接觸的內野老師對他非常熟悉。所以，當內野老師得知稻盛獲得這一了不起的大獎時，真是開心極了。

一九七三年8月11日，內野老師離開人世，享年81歲。在鹿兒島大學遇到一個叫稻盛和夫的學生，成為他一生的驕傲。

在川內工廠正式投產三年後，京瓷又建了國分工廠。這家工廠也設在鹿兒島縣，不過是位於鹿兒島灣最深處的一個市。

之所以在國分建工廠，是因為當時鹿兒島縣知事（市長）金丸三郎的熱心招攬。他是前自治省次官，後又擔任總務廳廳長官的一位大人物。他先後在國分市建了四個工業園區，並負責招商引資方面的工作。

正如鹿兒島民謠裡唱的：「霧島的花，國分的煙。」國分是偏僻的鄉村，人口的減少又制約了當地經濟的發展。可以說，工業園區建設是搞活地方經濟的孤注一擲之舉。

鹿兒島機場的選址已經確定，就在工廠附近，這是一個利多的消息。當時，通產

省正在推進高技術都市的構想，政府也給前來投資的企業各種各樣的優惠政策。在這種情況下，稻盛接受了金丸知事的盛情相邀，決定買下一塊地。

但是，知事卻說：「買一塊也是買，買四塊也是買。不如多買一些。」稻盛最終因為知事的強行推銷而多買了幾塊地。這對於一直強調「買一升」原則的稻盛來說，是極為罕見的。這應該也是為了他的故鄉鹿兒島吧。

但是，後來由於土地升值，出現了一些流言蜚語——「京瓷和知事勾結，壟斷了工業園區的用地」，真是令人無奈。

後來，由於京瓷的進駐，國分市發生了激動人心的變化。

國分市最糟糕的時候，企業法人稅甚至收不滿一千萬日元。自從京瓷在那兒投資建廠，一九八〇年法人稅收達到7.4億日元，到了一九八五年超過14億日元。從那之後，國分市便開始不斷創下新紀錄。地方稅收增長率日本第一、工業生產出貨量日本第一、人口增長率日本第一，國分市在很多方面都躍居日本第一。

該地區的市民收入一度超過鹿兒島市，躍居鹿兒島縣首位。不用說，國分的市民都特別高興。這些確實都歸功於京瓷駐入的發展貢獻。

〔番外篇〕新進人員的叛變

這事發生在京都陶瓷創立的第三年，一九六一年（昭和三十六年）4月底。前一年進入公司的11名高中畢業的員工，突然來到稻盛辦公桌前，提交了一份請願書，內容是要求稻盛承諾，給他們定期加薪並發放獎金等，為他們提供未來的保障。

帶頭的員工態度強硬，說：「要是不同意，我們就集體辭職。」雖然這很像工會與資方之間的集體交涉，但當時他們還沒有這個意識。如果他們威脅，說不同意就罷工的話，那稻盛一定會回敬他們，「那就試試看」，肯定會大吵一場。但他們提出要辭職，說明事態嚴重，不容易處理。所以稻盛決定沉下心來，傾聽他們的心聲。稻盛自己在松風工業工作時，也有過想要儘快辭職的痛苦經歷。

稻盛瞭解他們勤懇工作的態度。上班時間雖然是從早上8點到下午4點45分，但實際上，加班到深夜是家常便飯。跟稻盛從松風出來一起創業的人，全是工作狂，對通宵工作毫無怨言，頭腦裡沒有什麼時間概念。初中學歷的員工因為要上高中夜校，

所以讓他們按時下班。但是高中畢業的員工，理所當然要陪著上司，每天加班好幾個小時，有時連星期天也被迫上班，不滿情緒因此日積月累。話雖這麼説，可是，剛成立不久的公司沒有能力對他們的將來提供保證。但無論我怎麼勸説，他們仍毫不退讓：「每年要漲百分之幾的工資，要發幾個月獎金，如果不同意，我們就辭職。」

後來聽説，為防止中間不出叛徒，他們甚至都按了血印，在血氣方剛這一點上，與稻盛他們當年一模一樣。當時，稻盛住在嵯峨野廣澤池附近的兩居室市營住宅。因為在公司裡談不攏，稻盛把他們帶回家。對他們説：「明年工資提個百分之幾，承諾很簡單，但是如果兑現不了，那就是騙你們了。這種違心的話，我不願説。」「你們不相信我，我也沒辦法。但是，你們既然連辭職的勇氣都有了，不妨就拿出上一回當的勇氣吧！」

在家裡稻盛和他們促膝而坐，誠懇交談長達三天。他們一個又一個被説服了，只剩下最後一個，依然固執己見，他説：「這是男子漢的骨氣。」面對著他，稻盛説：「我如我背叛你，你就用刀把我捅了。」話説到這份上，他最後竟拉著稻盛的手哭了起來。

談判結束後，疲憊之餘，稻盛感覺心情沉重。他想到：「就這麼一個不起眼的小公司，年輕的員工們卻把自己的一生相托付。但就我而言，連家鄉的父母兄弟都沒有照顧周全，卻要對錄用不久的員工們的一生負責。回顧當初，創業的目的，只是想讓自己的技術問世，如今卻要背負如此沉重的包袱，難道這就是所謂的企業經營嗎？這是我始料未及的，為此我每天都悶悶不樂。」

長達幾個星期的煩惱之後，稻盛終於想明白了，頓覺一切都豁然開朗，稻盛意識到：「經營企業如果只是為了追求技術者個人的浪漫理想的話，那麼即使成功了，也不過是以犧牲員工為代價的繁榮。企業理應有更重要的目的。企業經營最基本的目的，必須是長期地守護員工及其家人的生活，必須是為大家謀幸福。」

這麼一想，胸中的悶氣一下子煙消雲散了。基於這一體驗，稻盛這樣揭示企業的經營理念：「追求全體員工物質與精神兩方面的幸福。」

京都陶瓷也從一家以實現稻盛個人理想為目標的公司，重生為了追求全體員工幸福為目標的公司。

公司創業後不久，每當稻盛煩惱苦悶時，總有一個人聆聽的傾訴，為他排憂解難，他就是稻盛的大恩人西枝一江先生。創業之際，他曾經抵押自己的住宅，為稻盛籌借資金。一遇到難以忍受的事情，稻盛一定去找西枝先生商量。西枝先生原本出身於新潟的寺院。

每當稻盛疲憊時，他一眼就能看出，會說：「知道了，走，咱們喝酒去。」然後帶稻盛去祇園一家他經常光顧的酒店，那是由新潟的一對藝伎姐妹經營的家常菜酒館。在那裡西枝為稻盛斟上美酒，給稻盛加油鼓把勁。

第六章

股票上市多元化經營

在人生中，工作要有出色的成果，
人的思維方式、人的心態起了關鍵作用。
把「利他」之心作為判斷基準，
凡事不能只考慮自己，時時自省利他之心。

1．成為股票上市公司

想要取得事業和人生持續的成功，有兩個條件：

一是你先要做個好人；

二是你必須付出不亞於任何人的努力。

這樣就會實現「自助、人助、天助」的圓滿結局。

從一九七〇年前後開始，京瓷作為高收益企業受到廣泛關注。銷售額持續同比增長50％左右，利潤率也基本保持在40％左右。這樣一來，銀行反而想方設法主動來找京瓷談資金管理方面的合作。在京瓷，很少會與銀行職員在會客室談話，大多都是坐在大廳的椅子上面談。

稻盛討厭負債，所以在企業經營的過程中，他注意儘量不依賴銀行。後來，他開始考慮如何直接從市場上籌措資金，比如說通過股票上市或是發行企業債券等。

從市場上籌措資金雖然有優點，但也有不少的缺點。上市會增加社會信用度，但

是伴隨著企業資訊的公開，日常事務的負擔會增大。並且，公司債券的發行成本往往比從銀行貸款的成本還要高。特別是在業績惡化的時候，能依靠的不是市場，而是銀行。如果能與具備信息收集能力的銀行保持友好合作的話，對企業來說會有很多好處，但稻盛還是選擇了自由，他不希望讓銀行參與京瓷的經營管理。

既然決定這樣做，就要有堅定不移的信念。比起效率，稻盛更重視思維方式，他的這一特質在這裡也發揮了作用。

當時，正趕上企業上市熱潮，好幾家證券公司都有過來做京瓷的工作。其中，稻盛與大和證券的很多想法高度契合。於是，稻盛決定由大和證券來負責京瓷的上市工作。稻盛一旦信賴對方，就會很珍惜相互間的情誼。大和證券在隨後與京瓷相關的一系列股權融資過程中，一直被京瓷指定為固定合作商。

在準備上市的過程中，稻盛又與一個人結下了很深的緣分。

他是京都銀行的支店長介紹的會計師宮村久治，也是後來的中央審計法人名譽所長。稻盛想委託他做京瓷上市前的審計工作。沒想到見了稻盛之後就開門見山，宮村便直接表達了自己的態度：「有的人會說『差不多就行了吧，不要那麼不近人情』，我絕不會和這種人合作。」

突然聽到這話，稻盛雖然很吃驚，但立刻挺起胸膛回答，這正是自己所期望的：「如果您能嚴格地審查，正是我們求之不得的事。請您一定要多多關照。」

在京瓷即將上市前夕，宮村首先進行審查的對象是京瓷總公司平時很難監管的美國薩尼貝爾事務所。那裡的會計負責人是技術出身，宮村覺得那裡一定會有問題。可是，調查完之後，宮村發現事務所裡的一切工作都處理得井井有條，現金和帳簿全部吻合，沒有一塊錢的差錯。

宮村不由得讚嘆：「這太了不起了！」

宮村對稻盛由衷地欽佩，還公開表示：「京瓷的財務管理完美得令人驚歎。」

一九七一年10月1日，京瓷順利在大阪證券交易所第二部和京都證券交易所上市。當時的資本金為5.6億日元。這一年是京瓷成立的第13個年頭，也正好是稻盛就任社長的第5年。

稻盛傾聽企業聲音的結果是，在上市時將公司的利益放在首位。身為創業者，稻盛沒有出售自己持有的原始股以套現利潤，而是完全以新股發行全部的股票。稻盛優

先考慮的是如何最大限度地擴大公司的資金籌措額。

從創業之初起就一直給予稻盛很多幫助的那些支持者雖然也都是大股東，但他們相信將來公司的股價一定會上漲並得到回報。大家也一如既往地贊同了稻盛的決定。良好的業績再加上創業者的無私姿態，京瓷股票受到了市場的追捧。相對於400日元的發行價格，第一天的最終股價達到了590日元。

京瓷上市的第二年，稻盛在年初的經營方針會議上大聲呼籲：

「讓我們一起構築京瓷的第二次大發展！」

股票上市是京瓷繼續飛躍的重要一步。

在一九七二年一年裡，京瓷可謂喜事連連，公司因成功研發多層陶瓷IC封裝產品而獲得大河內紀念生產特別獎、繼川內工廠之後的國分工廠的新建以及京瓷新總部的建造等等。

新總部選址在京都東南部的東海道本線山科站徒步15分鐘的地方。那是個面向國道一號線，又在東海道新幹線沿線的很「吉祥」的地方。

之所以會被認為是吉祥之地，來自好朋友塚本的華歌爾公司的飛躍式發展。該公司在一九六四年9月，比京瓷公司早一步上市。在上市的第二個月，他們注意到新幹線開通，於是在一九六七年，華歌爾公司將總部遷到新幹線沿線。

從新幹線的車窗往外看，華歌爾公司的看板格外醒目，具有極好的宣傳效果。外加其他種種有利因素，華歌爾品牌實現了飛躍性的大發展。一九七〇年的大阪萬國博覽會上還專門設有華歌爾館。華歌爾公司從此大踏步地向著「世界的華歌爾」邁進。

就像華歌爾公司的社長塚本幸一那樣，稻盛也把京瓷新總部二樓能眺望到新幹線的地方作為自己的社長室。那兒實際上是公司最喧鬧、工作環境很不好的地方，反而成了社長待的地方。

總公司五樓有個很大的和室房間，正好可以用來舉辦「空巴」。

但是，並不是每天晚上都在那兒舉行空巴。週二和週五晚上9點30分左右，京瓷的員工們就會出現在車站附近的中餐館「珉珉」裡，有時稻盛也會過來參加。拉麵、餃子配上燒酒是大家必點的幾樣。

稻盛很喜歡喝燒酒，但並不拘泥於品牌。

稻盛雖然距離美食家相差甚遠，但只在一個方面，他非常講究，那就是「食物必

須加熱」。

他說：「每次坐新幹線回京都的時候，我不吃車站裡賣的便當。冰涼的食物給人一種寒冷的感覺，我很不喜歡。」

他喜歡吃有熱湯的天婦羅蕎麥麵，卻不願意吃冷的蕎麥麵。對於吃熱食這一點，稻盛一直很堅持。

「東京的拉麵不好吃。要說拉麵，還是京都的最好吃。」從稻盛的話裡，總能感受到他對京都的偏愛。

稻盛絕對不是裝腔作勢、故作姿態。因為日式酒館和高級餐廳的環境讓他感覺不太舒服，所以，他不怎麼願意去那些地方。只有祇園除外，因為那兒有他熟悉的老闆娘。除了這些酒館之外，其他的地方他絕不駐足。

一九六九年的忘年會結束後，稻盛難得在家裡放鬆了幾天。沒想到一九七〇年1月2日突然傳來了噩耗，歡度新年的好心情頃刻間煙消雲散。

公司一位系長（組長）因交通事故去世了。

「有孩子嗎？」稻盛擔心的是員工家屬將來的生活。

考慮到今後可能還會有類似的事情發生，那一年，稻盛發起了京瓷遺孤撫恤金制度。即便是現在，對因意外事故或疾病去世的員工家屬，也沒見過其他公司有這種優厚的政策。

稻盛為員工著想的心情，和員工們為公司著想的心情，開始完美地融為一體。對公司員工家屬的事情考慮得如此細緻、周到，但一換作自己的家人，稻盛反而就完全不合格了。

在家裡吃飯的時候，他總會說：「我能這樣和你們一起坐在家裡吃飯，是因為公司全體員工努力工作的結果。」之後雙手合十，說，「大家吃吧！」

有些企業的經營者不會將工作帶回家裡，但稻盛不一樣。對他來說，家庭就是職場的延長線。

他還會給家人看新型陶瓷的IC封裝等產品，並且驕傲地說：「我們現在就在做這種產品。」

有時，他談興正濃，會不知不覺聊到深夜。有時還導致第二天女兒上學遲到。稻盛就是這樣，無論是在公司還是在家裡，都極度認真。

關於家庭旅行，稻盛會盡可能參加。三女兒瑞穗是青山給取的名字，她上小學時，全家人曾一起出遊，從舊金山一路玩到了洛杉磯。那是最難忘的一段回憶。

「即便沒有父母，孩子也會長大」這種話聽起來可能有些過分，但稻盛的三個女兒確實成長得非常出色。

長女阿忍在同志社大學經濟學部就讀，後來取得了應用經濟學的碩士學位。學生時代還參加了登山和滑雪社團。研究生畢業後，在設計事務所工作了半年，之後進入稻盛財團。她還是兩個孩子的母親。

二女兒千晴考入了奈良的帝塚山大學，最小的女兒瑞穗則進入了大阪藝術大學。

相對，稻盛始終沒有忘記讓員工擁有夢想和目標。

一九七二年，也就是京瓷公司總部遷往山科的那一年，稻盛大聲向員工們宣佈：

「單月銷售額達到10億日元，就去夏威夷旅遊！」

上一年度的月銷售額只有5、6億日元。從1億提高到2億還比較容易，但把5億變為10億就很困難了。這個目標太難了，於是，有員工問：「沒有二等獎嗎？」

「那好，達到9億日元，就去香港。但是，如果只有8億日元，大家就只能在京都的禪寺裡坐禪了。」事情就這麼定了。當然，坐禪只是一句玩笑話。

「喝著托利斯（Torres），前往夏威夷！」曾經流行一時的壽屋（現在的三得利）的這句廣告語，已經過去了10年，但海外旅行對普通老百姓來說，仍然是遙不可及的事。不用說，稻盛提出達成目標就出國旅遊，讓公司內部員工的工作熱情迅速高漲起來。

由於出口形勢大好，京瓷月銷售額增長到9.8億日元，距離稻盛所定的目標僅差一步之遙了。

按照約定，稻盛將去香港旅行作為員工獲得二等獎的獎品。次年1月，一千三百名京瓷員工分別從大阪和鹿兒島機場包機飛前往香港做公司旅遊。

2．大恩人相繼離世

一九七三年3月15日凌晨1點30分左右，稻盛上廁所時突然留意到了家裡的佛

龕，那是父親畈市送給他的結婚禮物。

雖然有很多家庭一到傍晚就會關上佛龕，但稻盛家通常會將佛龕的門一直開著。但是，唯獨那天，佛龕的門是關上的。

稻盛很是在意地打開佛龕的門，然後點燃佛燈和線香，雙手合十祈禱至凌晨兩點多。那天一大早，京瓷創業的大恩人西枝一江的兒子打來電話，說他的父親去世了。據說，西枝正好就是凌晨1點30分左右停止呼吸的。

創業時，西枝用自己的房產做抵押向銀行貸款的恩情，稻盛永生難忘。之後的京瓷，年年都盈利，還順利實現了上市。對於京瓷未來的發展，西枝終於可以放心了，他如同鬆了一口氣似地離開了這個世界。

稻盛每次煩惱或痛苦時，西枝都一定會邀他一起去喝兩杯。

他會帶著稻盛去往他的新潟同鄉——原藝伎姐妹經營的祇園小料理店，給他鼓勁兒，很像是為稻盛開的私人空巴。

西枝是京瓷創業的恩人，同時也是宮木電機的前社長，所以他的葬禮是由京瓷與宮木電機聯合舉行的社葬。

在西枝靈前，稻盛滿懷感謝地說道：

「西枝先生是我們京瓷得以問世的恩人，也是京瓷創業精神的源泉……」

為西枝守夜的時候，稻盛遇見了一位很早以前就經常聽西枝提起的僧侶。他就是臨濟宗妙心寺派專用道場——達摩堂圓福寺的西片擔雪老師。擔任守夜導師的正是西片老師。「老師」是對臨濟宗寺院住持的尊稱。

關於兩個人（西片與稻盛）的相遇，西枝一江的養子西枝攻（律師，後就任京瓷公司監事）是這樣回憶的——

「那是在工作完成之後，西片老師回頭看大家，然後把齋飯（佛事上給參加者提供的餐食）端出來時發生的事。稻盛突然叫住我問道：『那位就是西片擔雪老師嗎？』我回答說：『是的，您不認識嗎？』他急忙說：『我沒有見過，能否替我引薦一下？』這就是兩個人的第一次見面。」

西枝的葬禮之後沒過多久，稻盛就去了位於京都南郊的圓福寺。這裡是西枝做施主代表的寺院。西枝夫人對稻盛說：「以後就拜託你了。」

因為有了西枝夫人的這句話，稻盛主動提出要代替已故的西枝繼任施主代表。

從那以後，稻盛與西片老師之間便開始了更深層次的交流。

但在這期間，一九七三年，京都陶瓷創業的大恩人相繼離世，除了「為這個年輕人的夢想賭一把吧！」在公司成立時抵押自家住宅，從銀行為我們借來流動資金的西枝一江先生。「要給這麼一個不知天高地厚的小青年籌錢嗎？」一開始勃然大怒的大股東交川有先生。這兩位先生在做出決定之後，竭盡全力支援了京瓷。在收到西枝先生的訃告不久，交川先生也與世長辭了，兩人都是享年71歲。兩位先生都是稻盛和夫這輩子無可替代的摯友。

在創立京瓷時，把這兩位恩人介紹給稻盛的，是前社長青山政次先生。青山先生在西枝先生的葬禮上致悼詞，可謂情透紙背。

「50年前，我和西枝君都考上了京都大學工學部，作為同班同學相識相知。西枝君出身新潟市郊外的淨土真宗寺院，是家中的老二，從新潟高中考入京都大學，後來又與我一起進入了松風工業。因受當時全球經濟蕭條的影響，他從松風工業辭職，後來成了一名專利代理人。松風工業的所有專利申請，我都委託西枝君承辦，我倆交情愈深。碰巧，另一位京都大學的同窗好友交川君，在商工省的專利局工作。雖然東京和京都距離不近，但我們三人卻時常相聚。專利代理人工作日漸繁忙起來，西枝君雇了工讀學生和保姆幫忙，基本上都是新潟人。其中一名學生就是後來京都八幡市圓福寺的西片擔雪法師。他在西枝家借住，半工半讀上大學。此後，西枝君到客戶宮木電機任職，他與交川君一起，對京瓷的創立給予了莫大的幫助。

西枝君古道熱腸，仗義疏財，因此沒有什麼積蓄。為新型陶瓷這一全新事業出資，他力不從心。他對夫人說：「我要把這房子作抵押，去銀行貸款，弄不好就會傾家蕩產。」夫人回答說：「一個男人迷上另一個男人，願意傾囊相助，這不就是你的夙願嗎？」

從此以後，西枝君作為京瓷的幕後領導，時而溫和，時而嚴厲，盡心盡力，培育京瓷幹部，他完全脫離了私利私欲，一心一意守護京瓷公司。

圓福寺的西片法師是我出家時的師傅。引薦西片法師給我的，正是西枝先生，如果沒有西枝先生的大恩大德，我的人生將無從談起。在西枝先生靈前，我

這樣說：「西枝一江先生是我們公司的實際創辦人，是我的恩人，也是京瓷創業精神的源頭。在此葬禮之際，讓我們再次緬懷先生的遺德。西枝先生贈予我一顆思想的種子，已在全體員工心中生根發芽，現在還在向全世界擴展，泛起漣漪，它是京瓷穩定發展的基礎。我們聚集於此，定要繼承故人遺志，將其思想進一步發展，代代相傳。」

一九七四年2月初，京瓷股票在東京、大阪兩地的證券交易所都從二部升級到了一部。一九七五年9月股價達到2990日元，超越了長期雄踞首位的索尼公司，成為日本第一。

3．石油危機來了

一九七三年，發生了震動經濟界的大事，就是第一次石油危機。

受到10月爆發的第四次中東戰爭的影響，波斯灣沿岸地區的產油國開始減少石油產量，國際石油價格暴漲。日本國內也出現了被稱為「瘋狂漲價」的物價急升現象，從而引發了國民對物資不足的擔憂，各地居然都出現了囤積衛生紙的怪現象。

消費者的消費欲當然也隨之萎縮。各家企業紛紛減少設備投資，創下了第二次世界大戰後首次出現負增長的紀錄。這次危機為日本經濟的高速成長畫上了句號。

對京瓷來說，這是很大的衝擊。就在半年前，他們才剛剛制定了一個前所未有的發展目標。

那是當年4月1日，在京瓷成立紀念日的那天，稻盛再次提出了一個目標：「如果能實現月銷售額20億日元，就一定讓大家去夏威夷！」

在當月的董事會上，決定將京瓷從東證和大證二部升級到一部上市。而到一部上市的前提條件是資本金必須達到10億日元以上，但當時京瓷只有7.7億日元，所以急需增資。

實現月銷售額20億日元也好，換到證交所一部上市也罷，都是極其困難的挑戰。然而，這些又都是迎接次年京瓷創業15周年再合適不過的目標。

員工們都以夏威夷旅行為目標，卯足了幹勁，全力投入銷售，生產線全速運轉起來。結果，終於在7月提前完成了預定目標。公司決定於第二年初，帶員工去嚮往已久的夏威夷旅行。消息一出，公司內一片歡騰。而與此同時，董事們則以把公司升級一部上市為目標，絞盡腦汁，推行了公眾募集和無償交付（將增資股票無償地交付給股東），將資本金積累到了10.44億日元，從而滿足了在一部上市的條件。

就在此時，石油危機從天而降。京瓷有的月份訂單甚至減少到了原來的十分之一。面對石油危機引發的一系列異常情況，公司內部被一片緊張的烏雲所籠罩。雖然很遺憾，但這絕不是去夏威夷旅行的時候。稻盛決定暫停國外旅行，創業15周年的活動也一切從簡。

唯有好不容易準備好的升級到東證、大證一部的上市工作，在新年伊始的一九七四年2月1日如期完成。

京瓷在大證二部和京都證券交易所上市僅僅用了兩年半時間，在東證二部上市也只用了一年半時間。快速成長的京瓷還未來得及品嘗喜悅，就面臨企業發展的「危急關頭」。

事態發展比預想的還要嚴重。僅日立、東芝、富士電機和三菱電機這四家公司就共計裁員7萬人，京瓷的董事會也多次將裁員提上議事日程。

但是，京瓷是主張「員工第一」的企業，稻盛誓死堅守公司的經營理念，做出以下宣言：

「我們公司自創立以來，始終全體上下一心，甘苦與共。既然是命運共同體，就一定會誓死守護大家的工作機會！」

他是一個言出必行的男人，馬上想出了解決的辦法。他新設了總務部管轄的開發部，將因訂單減少而富餘（充足剩餘）的人員都調到了那裡。人員過剩，士氣就會下降，工作效率也會下滑。因此，生產現場還是如往常一樣保留少數精銳部隊。國外的工廠也採用了同樣的方法。

開發部承擔了原先一直外包給其他公司的工作。比如，機械工負責塗裝，修理工負責打掃衛生。一九七五年，京瓷率先導入雙休制，這也是出於對員工過剩的考慮。

那時候，社會上出現了「拍拍肩膀式」辭退員工的問題，通常開發部的人員是這

類辭退對象的首選。但稻盛從未有過絲毫類似的念頭。

為了儘早把公司的員工安排到能創造價值的地方，京瓷正式啟動了以前就有一些基礎的新興事業。也就是說，公司想在內部為員工創造新的工作機會。

於是，京瓷開始進軍太陽能發電、再結晶寶石、人工牙根等新領域。稻盛面對第一次石油總機時，咬緊牙關，絕不裁員。而這種堅持，又成為這些新事業的起點。

其中，太陽能發電是一個劃時代的事業。

不管怎麼說，造成人員富餘這一問題的罪魁禍首還是石油危機。稻盛認為，要從石油價格暴漲帶來的破壞中吸取教訓，就要讓社會擺脫對石油的依賴。

於是，一九七五年，京瓷出資51％，聯合夏普、松下電器、美國美孚石油等五家公司，以共同出資的形式成立了日本太陽能株式會社（JGEC）。

當時的太陽能發電每瓦要花費2～3萬日元，發電成本非常高昂，僅用於宇宙探索或孤島燈塔等特殊用途上。要想普及太陽能，至少要把成本控制在1％以下。這聽起來幾乎沒有可能。

但是，稻盛一如既往地做長遠思考。他堅信太陽能發電是時代的呼喚，這給了他力量。於是，他在京瓷總部開始研究，後來覺得空間太小，就在伏見的東土川設立專用的辦公樓，在那兒專心研發。

只是，當第一次石油危機的影響消失，石油供給再次穩定的時候，人們對太陽能發電的熱情也就迅速消減了。京瓷之外的四家公司相繼退出了太陽能發電項目，而稻盛收購了其他幾家公司的全部股票，選擇在太陽能發電領域孤軍奮戰。

一九八〇年，京瓷在滋賀蒲生工廠附近又設立了八日市工廠，正式開始太陽能發電的相關設備以及利用太陽能的各種設備的研發、製造，並於一九九三年在業界率先發售用於住宅的太陽能發電系統。

如今，時代終於追上了稻盛的步伐，而這些與太陽能相關的項目也由現在的京瓷太陽能公司繼續向前推進。

前面說過，京瓷在東證一部上市時正趕上第一次石油危機的峰頂，但京瓷克服困難、勇往直前，一九七五年9月23日，股價漲到2990日元（票面為50日元），超過長期佔據日本第一寶座的索尼，躍居首位。

京瓷與稻盛和夫這個名字在優良企業和知名企業家的排行榜上成為常客的時代已

經到來。

然而，稻盛本人卻異常冷靜。即便在報紙和雜誌上看到京瓷股價超過索尼的報導時，他也只是覺得「啊，是這樣啊」，從沒有在晨會上向員工們提起過此事。

創業時，稻盛曾號召員工將京瓷發展成為京都第一、日本第一。但是，就總資產和銷售額而言，日本新日鐵公司、豐田汽車、電電公社、電力公司、煤氣公司等，世界上還存在不少規模遠超京瓷的大企業。站得越高，看得越遠，稻盛並不因為這點兒成績就滿足了。

京瓷的下一個目標是發行美國存托證券（ADR就是指美國以外的上市公司，到美國掛牌上市）。

最近，也有日本企業在紐約證券交易所上市（京瓷公司後來也成為其中之一）。不過，在當年，ADR可以說是能讓美國以外的國家的股票在美國證券市場流通的唯一方法。一九六一年，索尼率先發行ADR以來，松下電器、本田、東京海上火災等公司也相繼發行ADR，一躍進入全球化企業的「王牌」。

如果京瓷實現了這個目標，就能在美國積極推廣京瓷，員工們的工作積極性也被帶動了起來。雖然上市的相關審查很嚴格，但在一九七六年1月，京瓷終於在美國成功發行了ADR。

繼京瓷發行ADR之後的第二年，華歌爾也發行了ADR，成為日本在美國上市的第八家企業。雖然華歌爾公司上市的時間比京瓷略早，但在發行ADR這件事上，京瓷卻走在了前面。塚本和稻盛之間始終保持著良性競爭的友誼。

4．綠色新月與生物陶瓷

京瓷從一九五九年28個人開始，走了六十個年頭（二〇一八年）已經成為一個擁有265家旗下的大企業集團，員工也接近七萬六千人。

稻盛於一九七九年舉辦了京瓷成立20周年的紀念活動，活動之一就是在圓福寺建造「京瓷員工墓園」。

很早以前，稻盛就有這個想法。最初，他打算將墓園建造在名刹三井寺或仁和寺

裡。後來，當時還在世的西枝勸他：「建在圓福寺裡不好嗎？」

於是，就這樣決定了。

「難得公司建墓園，要不要用陶瓷建造？」

雖然也有人提出這樣的意見，但最後稻盛還是決定使用花崗岩。

京都府八幡市的圓福寺院內面積有三萬坪，非常大。進入山門，沿著左邊鬱鬱蔥蔥的竹林往上走，就能看到「京瓷員工墓園」。這座寺廟是修行的場所，一般遊客不來，所以總是保持著靜謐。

銘刻在墓碑上的《建立志》的結束語是這樣的：

「祝願大家的靈魂能夠成佛，即便身處彼岸，也要幸福。希望時常也能像在現世一樣相聚在一起，談笑風生、把酒言歡。」

在彼岸居然也開空巴，讀到這些，雖然覺得有些不夠嚴肅，但還是快笑出來了。這些估計都是稻盛真心希望的。

在第一次石油危機中一直咬牙不裁員的稻盛已經開始著手新的專案了，以解決富餘人員的工作問題。其中之一就是再結晶寶石的專案。

稻盛除了工作以外就是讀書，並沒有打高爾夫之類的愛好，也從未收藏過什麼。然而，他那一代人共同的感受就是對寶石情有獨鍾，尤其容易被綠寶石的深綠色所吸引。加上寶石和陶瓷同樣都是礦物結晶，所以稻盛對此產生了濃厚的興趣。

京瓷這家公司的特點是依靠低價材料製作高價產品，從而產生高附加值，依靠這種方式將公司發展壯大。如果使用和陶瓷同樣的材料製成寶石，其利潤會非常大，可以說有巨大的附加價值。將這個作為京瓷的新項目，是非常有誘惑力的。

天然寶石一年比一年難覓，寶石的品質也在下降。因此，即使有裂痕或雜質的寶石也能賣出高價。

「為什麼那種有瑕疵的寶石仍被大家珍愛？我們可以做出完美無瑕的寶石。」

萌生出這個念頭是在一九七〇年。經過將近四年的研發，京瓷於一九七三年將提煉的氧化鋁放入2000℃以上的高溫中使其結晶，就能誕生出與天然寶石具有相同化學成分和結晶構造的再結晶祖母綠了。

稻盛想委託人去做市場調研，看看這種人造寶石是否能暢銷。這時，他眼前立刻浮現出一個人，就是華歌爾公司的塚本。稻盛把剛做好的兩顆祖母綠用紗布包起來偷

偷地藏在口袋裡，然後拿到塚本面前給他看。

塚本驚訝地睜大了眼睛：

「和夫，這可太厲害了！這種東西，你是怎麼做出來的？你們公司別做電子零部件了，改行做這些寶石一定能賺大錢！」這是對稻盛衷心的祝福。

「但是，還是需要廣泛地徵詢一下其他人的意見。您可以幫我去問問熟人嗎？替我做做市場調查。」

「沒問題，交給我吧！」

塚本的熟人，當然就是指祇園的那些藝伎了。她們對寶石很了解，從潛在顧客的角度看，她們是非常合適的市場調查對象。

幾天後，稻盛接到了塚本打來的電話，說要見他。稻盛猜一定是關於市場調研的結果。然而，在指園茶館裡等待他的塚本，卻給了他一個出人意料的答案。

塚本將祖母綠還給了稻盛，搖著頭說：「這個不行啊……」

「天然寶石本該花高價才能買到，現在這麼漂亮的祖母綠卻以這麼便宜的價格問世，真讓人無法接受！」

「絕對不能讓天然寶石的替代品來拉低祖母綠的價值。」被調查者紛紛皺著眉頭異口同聲地說，塚本也無語了。

「和夫，做這個絕對不會順利的。賣這種人造寶石，會惹女人怨恨的。」

塚本的評價發生了一百八十度大轉變。稻盛也試著問過其他人，但反響都不好。於是，稻盛不服輸的性格又「抬頭」了。

「沒有瑕疵又純淨、美麗的東西不可能賣不出去！」

他沒有放棄，反而不斷改良。兩年後，也就是一九七五年春天，他終於製成了產品。在火彩、顏色搭配等所有方面都達到了最高品質。報紙也報導說：「這是日本的一大壯舉。」

他還想了個很棒的品牌名稱——CRESCENT VERT。這名字出自法語，意為「綠色新月」，是個非常浪漫的名字。

問題是在哪裡銷售呢？寶石界對此反應非常冷淡。

「既然如此，那就自己銷售吧。」

稻盛決定在東京銀座和京都四條開設「綠色新月」直營店。

在開業酒會上，塚本作為來賓致辭：

「門外漢經營寶石生意應該說沒有成功的先例。反正遲早都會失敗，還是損失少一點兒比較好。所以，我祝願你們盡可能在起步階段就遭遇慘敗。」

對於這份致辭，稻盛只能苦笑。但是，他還是強勢推動著「綠色新月」的發展。一九八〇年，他在美國的超高級住宅街比佛利山開了第一家「稻盛珠寶」海外直銷店。開幕式上，他還身著白色晚禮服登場。

遺憾的是，再結晶寶石未能引起預期的大熱潮，但作為京瓷產品的高品質象徵：這個事業至今依然在持續盈利。

進軍新事業確實困難重重。後來，華歌爾第二代社長塚本能交也踏出女式內衣的領域，進軍男式服裝和跑車等領域時，稻盛告誡他多元化經營的巨大風險。

實際上，華歌爾後來從所有新業務中全面撤退。在那以後，才得以快速發展，靠著積極拓展國外市場和研發功能型內衣，從而引領了行業，取得了今日的驕人成績。

但是，稻盛本人並不否定多元化經營。他反而認為在適當的時機應該勇於承擔風險，事業一旦開啟就要堅持到成功為止。這一態度是十分必要的。但是，東施效顰般照搬他人的理念會適得其反，能把握其中的微妙之處，才是掌握了經營的真髓。

與「綠色新月」寶石一樣，京瓷通過精密陶瓷的應用，開始進入了醫療領域，進行人工牙根的研發。

人工牙根是將假牙埋入下頜的骨頭上固定。21世紀的現在，「植牙」這個詞已經廣為人知，十分普遍，但在當時，還是一種很特殊的新醫療技術。

「能用陶瓷做人工牙根嗎？」

一九七二年，大阪牙科大學的教授前來拜訪稻盛，提出這樣的建議。這就是京瓷研發陶瓷人工牙根的契機。

之前，人們一直使用的是金屬材質，如果用陶瓷來做的話，對所接觸的齒齦部分的負擔會比較小，所以稻盛決定著手研發。通過適用在綠色新月研發中的再結晶寶石技術，加上大阪大學、國立大阪南醫院等醫療機構的加入，京瓷最終實現了陶瓷人工牙根商品化，後來更上層樓的研發出人工關節、陶瓷刀具等等。

〔番外篇〕松下電器八十周年紀念演講

當稻盛打算出版他的第一本書《提高心性，拓展經營》時，出版商PHP研究所聯繫了稻盛，說松下先生可以為這本書寫推薦序。不用說，稻盛自然十分高興。

然而，當推薦文章順利送達，圖書就要擺上書架之前，一九八九年4月27日，稻盛接到了松下的離世的消息，他不禁痛哭失聲，少了一位畢生心目中最重要的心靈導師了。

松下幸之助在稻盛《提高心性，拓展經營》這本書的書腰上有寫的一段話——

「稻盛先生是我平日十分尊敬的優秀企業家之一，他在各種人生經歷中悟出的人生觀和經營觀都被整理成一本書。全書旨在主張『相信人類所擁有的無限能力，充分發揮自己的能力，品味充實人生』。這份熱情和信念讓我深受感動。這是一本特別希望年輕人好好讀一讀的書。」

這篇推薦序，意味著松下把「經營之神」的接力棒交給了稻盛。

時光飛逝，一九九八年5月5日，稻盛被指名為「松下電器產業創業80周年紀念演講」的特別來賓──

今天，我站在這裡講話。其實從兩三天前起，我在家一閉上眼睛，就會想起幸之助先生說的話。下面給大家列舉幾句。

「素直之心。」

「每天反省。」

「自由構想。」

「獨立思考。」

「保持光明正大。」

「感謝之心。」

「為了世人，為了社會。」

我以幸之助先生所說的、所教導的東西為基礎，加入我自身的一些體驗心得，總結出了「京瓷哲學」。

那時，我每天都會騎著踏板車去高槻的松下電子工業公司交貨，或進行技術討論。所以，往往一大早，在諸位上班之前，我就進了松下電子工業。在前台等候時，我經常會聽到諸位員工在晨會上誦讀「松下七精神」。另外，進入會客室後，還看到牆上掛著寫有「松下七精神」的卷軸。在打算以幸之助先生的話為基礎歸納「京瓷哲學」的時候，我忽然注意到，「松下七精神」已經把這些內容全涵蓋了……

我剛開始工作時，認為自己還是具有社會正義感的。那時候，報紙、雜誌上出現了「企業的目的不就是逐利嗎」之類的論調。我當技術員的時候沒怎麼想過這些，但當我成為企業經營者後，就開始非常在意。雖然我覺得自己並不是為了那些卑鄙的目的而經營企業的，但在社會上總有人這樣解讀我們，我無論如何也無法接受。

正當我為此煩惱時，不記得是幸之助先生的演講還是書籍，當我看到他高呼「企業利潤是為社會做貢獻的結果」時，突然覺得豁然開朗。

也就是說，「所謂『企業』，就是供應物美價廉的商品，令社會富裕。而我們所得的利潤，是為社會做出貢獻的結果。」松下幸之助先生高調主張企業獲得利潤是正當的，這讓我有了一種被拯救了的感覺。

歐美國家有很多企業家成功之後，就會做做慈善，為社會機構捐款。松下幸之助先生也一樣。的確，無論是幸之助先生，還是歐美的眾多成功人士，都做了大量回饋社會的善舉。

我們這些企業人努力工作，追求效益，然後雇用眾多員工，守護他們的家人。同時，還把一半以上的利潤作為稅金繳納給國家，為國家的發展做出了一份貢獻。所以，希望大家要有把事業做得更好的覺悟。（下略）

稻盛吸收了松下幸之助的經營手法和思維方式，使之成為企業發展的營養，然後按照自己的方式整理並使其發揮作用。現在，我們都欲將稻盛思想視作營養。時代就是這樣一代代不斷發展的。

第七章

向不可能挑戰

讓自己擁有一顆純潔美好的心。
讓我們思考如何度過一生，
為世人、為社會做出奉獻，
這是宇宙本身的意志。

1．第二電電

人生必須在小我之利和大我之利作抉擇時，

身為一個領導人的基本道德責任就是：

「義無反顧」將大眾的利益擺在私人利益的前頭。

「自京瓷創立以來，累積下來的自有資金有一千五百億日元，請讓我使用其中的一千億日元。」在通信開始自由化的一九八三年（昭和五十八年），稻盛和夫徵得董事會的同意後，決定進軍電信行業。人們說這是莽撞的挑戰。

一九八二年，在第二次臨時行政調查會，即所謂的「土光臨調」（土光敏夫當委員長的第二次行政調查委員會通過，在不增稅重整財政之下，政府國營事業必須私有化），這份調查報告提出了將日本國有鐵路、日本專賣公社、電電公社（日本電信電話公社）進行拆分，使其民營化的方針。電信行業的壟斷體制就此打破，這可謂是「百年一遇」的良機。

從國際角度看，日本的通信費用也是非常之高的。稻盛很早以前，在美國開展業務時，對此深有感觸。有一年，他出差到美國西岸聖地牙哥的分公司。在那裡，看到有行銷人員頻繁向東岸打長途電話，他擔心電話費過高，提醒對方要注意。於是這個員工拿來了一個月的話費明細單，他驚奇地發現，美國的長途電話費比日本便宜太多了。這促使他思考，同樣是打電話，為什麼日本就那麼貴呢？

借著電信自由化的東風，稻盛期待代表財界的大企業組成聯盟挺身而出，但卻沒有一家企業願意舉手參與。稻盛想既然如此，乾脆由他報名參加吧，但這一次的風險實在太大了。

在電電公社（NTTPC）民營化開始時，它是一家年銷售額4萬億日元、員工人數33萬的超大型寡頭企業，從明治維新以來，其通信基礎設施已經遍佈全國各個角落。

相比之下，京瓷雖然發展迅猛，但迄今為止，銷售額也只有二千二百億日元，公司員工不過1.1萬人，好比大象面前的小螞蟻。而且，通信行業遠離京瓷的主業。而稻盛自己的專業是化學，對通信技術的相關知識一竅不通。突然要向龐然大物的電電公社發起挑戰，簡直就像堂吉訶德手握長矛向風車挑戰一樣。

雖然稻盛有點不自量力，但現有的大企業會從正面挑戰電電公社嗎？會為了降低長途電話費用而不惜粉身碎骨嗎？稻盛心存疑慮。他認為，倒不如像自己這樣的風險企業的經營者，自告奮勇，以果敢的挑戰精神，投入這項新興事業。

正在這時，京都商工會議所舉辦了一場以數位網路為主題的講座，演講者是電電公社的技術專家千本倖生（後擔任京瓷常務理事、第二電電副社長）。會後他們倆人見面交談，彼此意氣相投，千本馬上加入了京瓷。千本立即私下召集電電公社和民間的年輕有志之士，和稻盛一起，舉辦研討會，準備奮起創辦新事業。每週末，他們都會在京都東山鹿谷的京瓷招待所內集合，研討會往往開到深夜。

在和他們進行討論的過程中，稻盛心中湧起了一種希望：「這件事情絕對有辦法達成！」儘管如此，在開始如此宏大的事業之前，為了點燃大家心中的激情，必須具備遠大的志向。首先，為了確認為自己真實的動機，每天晚上入睡前，都會捫心自問，「動機善嗎？無私心嗎？」「是為了獲得喝彩嗎？是為了沽名釣譽嗎？」「沒有一點兒留名青史的私心嗎？」「為國民謀利的動機真的純粹嗎？」在那六個月裡，即使喝酒回家後，稻盛都反覆自問自答。最後他確認，為社會為世人鞠躬盡瘁這一純粹

志向不動如山。於是，稻盛就下定決心，進軍這項新事業了。

恰巧這個時候，稻盛出席了一個在東京舉辦的經濟界人士聚會。他與摯友牛尾電機的牛尾治朗先生商量：「誰都不幹的話，我倒想試一試。」這時，西科姆（SECOM）的飯田亮先生聽到後，與牛尾一同表示：「我們也正想著做些什麼。你若領頭的話，我們一定傾力相助。」當他向索尼的盛田昭夫先生談及此事時，他也舉雙手贊同。

就這樣，稻盛於一九八四年6月，設立了第二電電企劃（後來的第二電電），率先出馬，表明要挺進電信領域。以京瓷為中心，牛尾電機、西科姆、索尼、三菱商社4家公司一同作為發起人，總共25家公司聯名成為股東。在氣氛熱烈的成立宴會上，稻盛致辭道：

「日本的電信事業，自明治以來，一直是作為國營事業運營。時至今日，電電公社走向民營化，新企業參與獲得許可，我們正在迎來百年一遇的巨大轉折期。在這個高度資訊化的時代，為了國民大眾，日本的通信費用必須下降。人生只有一次，我決心賭上生命，非讓這項事業取得成功不可。」

新公司由稻盛擔任副社長，京瓷副社長森山信吾擔任社長。稻盛第一次見到森山先生，是在鹿兒島同鄉會上，當時他還是通產省的科長。自那以後，每次見到他，稻盛都被他的人格魅力所吸引。「你如果離開通產省，請一定要來我們公司啊！」這話成為契機，他從資源能源廳長官的職務上退休時，就來問稻盛：「稻盛先生，你以前說過的話，現在還算數嗎？」「當然！」如此這般，森山先生就來到了京瓷。在創立第二電電的時候，森山先生也非常支持稻盛。作為第二電電的社長，森山在通信事業創業之初，獨當一面，承擔了重要的涉外事務。

立志要在電信事業中譜寫嶄新的篇章，一開始他們就揭示了遠大的目標，不過員工僅有少少的20名。雖然勢單力薄，但他們充滿了挑戰精神，「第二電電」決心朝著未知的世界，展翅高飛。

然而，同年秋天，國鐵旗下的日本電信、日本道路公團・豐田派系的日本高速通信，也相繼報名，參與通信事業。他們看到京瓷敢為人先，「怎麼?連那些傢伙都敢

幹？那……」確實，國鐵在鐵路通信業務上歷史悠久，他們可以在新幹線沿線的側溝裡鋪設光纜。日本高速通信可以在高速公路中間的隔離帶鋪設光纜。這兩家公司佔據著得天獨厚的有利條件，所以根本就沒把第二電電放在眼裡。

實際上，稻盛他們沒有鋪設線路的渠道。為確保有地方鋪設，首先，去拜訪了國鐵的總裁，提出請求：「希望在鐵路沿線並排鋪設我們的線路。」結果對方吃驚地說：「為什麼我們要把沿線的場所借給你呢？如果是我們的子公司，倒可以考慮，不過……」稻盛反駁道：「國鐵的線路屬於國家的設施，是國民的財產，不用於公益，就太不公平了。」但對方還是冷淡地拒絕了。要是在美國，國家的公共設施不讓民間公平利用的話，那是觸犯反壟斷法的。但是，日本國有企業還不理解自由競爭中「公平」的重要性吧。同樣，道路公團也拒絕了稻盛的請求。

最初社會輿論是一片讚揚之聲：「第二電電才是自由競爭的尖兵。」但當兩大巨頭參與進來後，輿論馬上變調，譏諷第二電電只是曇花一現。稻盛自創業以來，一直在開拓前人未經之路，哪怕曇花一現，也要現出燦爛。逆境之中，第二電電企劃依然人人意氣風發，鬥志昂揚。

2．在激流中泅泳

一九八五年（昭和六十年）6月，第二電電（DDI）獲得了經營第一種電信事業的許可，公司正式起步，目標是一九八六年秋天開通長途電話服務。

不管怎樣，必須先鋪設通信線路，否則一切都是紙上談兵。在新幹線和高速公路沿線鋪設線路的要求，都被競爭對手斷然拒絕。考慮到工期和成本，只有一種方法，就是採用微波方式，在偏遠山區架設基站，發射電波信號。

但是，這種方法也面臨巨大障礙。日本的天空錯綜複雜，佈滿了自衛隊、警視廳以及美軍等各種無線網路。即使在空隙中存在通道，但作為軍事機密，這類信息不能對外公開，根本無從尋找。正在哀歎「萬事休矣」的瞬間，從意料之外的地方，突然伸來一隻援助之手。

報紙的一則報導稱，電電公社總裁真藤恒先生表示：「可以提供一條閒置的線路。」站在真藤先生的立場，如果失去第二電電這一競爭對手，電電公社或許會被拆

分。但就稻盛看來，這是真藤先生援助孤軍奮戰的稻盛。他立刻去拜訪真藤總裁，獲得了這條新線路的信息。

接下來，是基站建設。最初把目標鎖定在收益高的東京—名古屋—大阪線路，並決定在中途的八個地方架設中轉基站。因為人力、財力有限，這一年京瓷有9名員工，剛一入職就被外派到了第二電電，稻盛任命其中4人負責中轉站的建設，即每個人負責建設歸個中轉站。可他們都是新人，連東南西北都分不清。但為他們送行時，稻盛告訴他們：「完成不了，就別回來了。」他們必須完成從徵購用地的談判，到設施的建設、拋物面天線等無線設備的安裝等硬任務，對於這些使命必達的任務，連行家都會叫苦不迭。

同行業的那兩家公司不需要這麼幹，他們只需在原有線路上鋪設光纜。但是不管怎樣，如果第二電電開業晚了，同他們的差距就會越拉越大。稻盛號召全體員工：「適逢百年一遇的大變革期，這是莫大的幸運，讓我們珍惜這一機會，朝著成功，團結一心，燃起熱情，共同奮鬥吧！」

中轉基站的用地當中，有些地方連路都沒有。比如位於滋賀縣伊吹山深處的國見地區，一到冬天，積雪超過5米，一年中整整4個月大雪封山，只能搶在不下雪的季節裡施工；夏天忍著豹腳蚊（伊蚊）的叮咬，晝夜不停地作業。鋼筋、水泥用直升機連續往返運輸，小件物資就靠肩扛手搬，沿著新開闢的山道徒步運輸。鋪設光纜的請求遭人拒絕，這種屈辱變成了動力，點燃了全體員工的鬥志。結果，至少需要三年的傳輸線路的建設工期，僅僅用兩年四個月就開通了。

通信線路完工後，用於企業內部通信的專項服務，於一九八六年10月開通。但是，與擁有眾多關聯企業和交易客戶的JR集團、日本道路公團．豐田集團相比，第二電電在對企業法人的行銷方面，處於絕對劣勢，簽約率在三家新電電公司中排在末位，這時，市場規模遠大於專用服務的長途電話就成了決定勝敗的關鍵。

由於第二電電工作繁忙，加之稻盛擔任京瓷社長已超過20年，所以他改任京瓷的會長，安城欽壽副社長升任為京瓷社長。為了能在一九八七年秋開通長途電話業務，京瓷也加強了行銷隊伍，調整了行銷體制。

要撥打新電電的長途電話，使用者需要先加撥四位數字的運營商識別號碼。這個識別號碼是由三家新電電公司抽籤決定的，第二電電如願以償，抽到了「0077」。

開業當天，一九八七年9月4日零點，稻盛在東京的第二電電總部按下了那個幸運數字0077之後，立刻傳來了等候在京都的華歌爾的塚本幸一先生激昂的聲音：「恭喜你了，稻盛君！」

房間裡所有員工頓時歡呼雀躍，更有人感動得淚流滿面。

長途電話服務終於投入運營，但是，第二電電沒有餘暇沉浸在興盛之中。NTT（日本電信電話株式会社）與三家新電電的激烈競爭迫在眉睫。當時，東京到大阪之間的話費，相對於NTT的3分鐘400日元，包括第二電電在內的三家新電電公司都設定為3分鐘300日元。但使用第二電電的線線，就必須加撥四位數的識別號碼，非常麻煩。於是，開發出可以自動選擇低話費公司DDI（第二電電）的適配器。這樣一來，用戶就無須撥「0077」了，借助這個便捷的工具，讓DDI爭取到了很多客戶。

然而，就在這當口，傳來了意想不到的噩耗。森山信吾社長因為腦溢血驟然去世，稻盛失去了左膀右臂——一個無可替代的戰友。當時，森山社長才61歲，這讓稻盛感到無比痛惜。作為治喪委員會的委員長，稻盛悼詞：

「我在歐洲出差途中得知噩耗，當即折返回國，但再也不能與你促膝交談了。前幾天還那樣精神抖擻，忙個不停，此時卻已成故人，令我心痛欲絕。

「當我大膽決定，準備進入新的通信行業時，是您真心贊成我，鼓勵我。在盛田先生、牛尾先生、飯田先生協助下創立第二電電的時候，需要同眾多投資商、同監管當局進行協調，各種各樣困難的談判，同各類人物斡旋。這些涉外活動是我最不擅長的，而您幹起來得心應手，處理得非常圓滿。森山先生，還記得吧，創業時我們同甘共苦，經常促膝長談。

「話雖然這麼說，但像您辭官下海，從零開始興辦企業，將其哺育壯大，這樣的人並不多見。當時我們相互勉勵，立志為實現這個夢想而奮鬥。當我說『下年度將出現利潤，我們好不容易走到了這一步』時，你的臉上露出了滿意的笑容，這是幾天前的事。我們終於走到了今天，但您卻突然離我們而去，讓人痛心疾首。而您奠基的第二電電的偉業，必將永垂史冊。」

為了穩定軍心，稻盛和夫匆匆兼任第二電電的社長。在強烈的危機感之下，他們

發動攻勢，獲取更多長途電話用戶，藉以告慰森山的在天之靈。稻盛和夫當機立斷，決定免費提供DDI適配器，以求增加簽約合約。一年以後，使用DDI線路的用戶超過了一百三十萬家，在三家新電電中獨佔鰲頭。

競爭如火如荼，這期間，通信自由化的又一波浪潮洶湧而來。一九八六年8月日本修訂了《電波法》，進一步放開限制，用於車用電話的行動通信開始自由。

稻盛堅信，「隨時、隨地、任何人」都能使用行動電話的時代一定會到來。這是因為美國矽谷的萌芽時期，京瓷就已經開發了半導體陶瓷封裝，車用電話的核心零件即半導體積體電路，它的發展速度究竟有多快，很早以前稻盛就已經目睹。雖然當時的車用電話粗大笨重，只能裝在汽車上，無法手持攜帶，但稻盛預測，在不久的將來，它一定會不斷小型化，成為可在掌上操作的行動電話。

在未來的21世紀，誰家生了小孩，父母給他取名的同時，電話公司也會來聯繫：「令郎手機號是幾號。」這話說得很誇張，但稻盛深信，全民人手一機的時代必定會到來。當稻盛得知行動通信領域也要放開時，立刻在DDI的董事會上提議：「我們應該率先進入這個領域。」董事中有出身於NTT和郵政省的行動通信專家，加上當時無論是美國還是日本的NTT，都不看好行動通信的前景，所以會議上都是否定意見。稻盛心想只要有一個人支持，但即便如此，也會對這個唯一的支持者說：「如果他們都不贊同，那就讓我們兩個人來幹吧！」

當時，在稻盛腦海裡，已經開始構思「葡萄串構想」，即以長途電話線路為核心，像葡萄串一樣在全國各地建立行動電話公司，建立地方網路，形成一個從長途電話到本地電話都不依附於NTT線路、暢通無阻的通信網路。因為當時，不僅僅是DDI，新電電三家公司都沒有連接市內電話業務的地方網路，這在與NTT的對抗中尤為不利。「葡萄串構想」就是用行動電話來覆蓋地方網路的戰略。我用這個構想說服公司內的反對者，為進軍行動通信事業做準備。

但是，這一構想在一開始就碰到了很大的障礙。緊隨DDI之後，日本高速通信也表示要進軍這個領域。但由於可供使用的頻率有限制，除NTT之外，同一地區只能有一家公司營業。日本高速通信和DDI都想爭取最能獲利的首都圈，雙方達不成協議。稻盛於是提議公平劃分東日本與西日本兩個區域，但是日本高速通信連中部地區也想要，雙方無法談攏。

為了公平，稻盛主張抽簽，但遭到郵政省的批評。他們認為這種涉及國政的大事，用抽簽解決太不嚴肅。但這樣僵持下去，受苦受害的是有本國民。稻盛覺得，只要他讓步，就能平息爭執，於是他決定讓出首都圈和中部圈。最終的結果是第二電電獲得北海道、東北、近畿、北陸、四國、九州和沖繩等地區，加起來市場規模只有日本高速通信的一半。

當他向董事會匯報時，索尼的盛田先生、牛尾電機的牛尾先生都很吃驚，說：「你怎麼把豆沙饅頭中最好吃的豆沙給了別人，自己只留一層饅頭皮啊！」稻盛回答說：「能吃上饅頭皮就不會餓死，有句話叫先敗而後勝。讓我們竭盡全力，把這層皮變成黃金皮吧！」

到了二〇〇〇年，第二電電在日本四大電信業中（NTT、KDDI、Softbank、樂天電信）排名第二，年營業額5.24兆日元，員工已達到4.5萬人，可謂「戰果輝煌」。

3．拯救日航：首相的請求

日本航空是戰後在政府主導下成立的一個半官半民的企業。利用日本人擅長待客的精神，開啟了各種創新服務，包括率先在機艙內提供濕毛巾等，這在當時是全世界第一家。日航的員工都很優秀，所以日航成為象徵日本國家的代表性航空公司，得到了國內外的高度評價。

但是，由於「背靠國家的意識」，日航缺乏核算等經營意識，再加上涉及飛機採購和機場起降許可的利害關係，導致政治家頻頻插手。另外，還有很早就被指責的，與供應商內外勾結的問題。

最成問題的是工會運動，這一點眾所周知。日航有多達八個工會，甚至連年收入超過三千萬日元的飛行員都還在要求進一步改善待遇。八個工會中的第二工會偏向管理層，所以與其他工會之間也有對立，導致情況極端混亂。

低水準的經營得不到糾正，由於投資失敗而產生的巨額匯率損失也沒有任何解決

的徵兆。一九八一年上任的高木養根是首任從基層成長起來的社長。他的上任一度被認為能提升公司內部的士氣，結果卻由於不斷發生的事故，而導致經營雪上加霜，不斷惡化。

民主黨最初面對的政治課題之一就是日航的重建。

擔任國土交通大臣的前原認為，除了指望「傳說中的經營之神稻盛和夫」登場之外，別無他法。所以，前原受首相之託登門前來請求幫助。

「稻盛先生，事情就是這樣，請您一定出手領導日航的重建。」

這個時候的稻盛面無表情。倒不是因為無法簡單地給出答案而不動聲色，而是他認為，既然有可能拒絕，只要敷衍答應對方就是不誠實的。雖然面無表情，但他的大腦卻在全速運轉。

日航的情況有多麼嚴重，稻盛早已從連日的媒體報導中充分知曉。出手幫助日航，其難度即便是用「火中取栗」這樣的語言來描述也遠遠不夠。雖然也想給予協助，但行業完全不同。更何況，航空公司經營水準的下降，是人命關天的事情。所以，稻盛認為這不是輕易可以答應的事情，非常謹慎。

考慮之後，稻盛給出了結論，用不容置疑、斬釘截鐵的語氣說：「我不合適，很抱歉，不能接受。」

但沒過多久，前原又從其他渠道託人請求。稻盛再次堅決推辭。然後，前原又來。這樣反反覆覆了好幾次，猶如三國諸葛孔明當年所受的「三顧之禮」一般。

日航背負1.5兆日元的累計債務，二〇一〇年3月期預計產生二千七百億日元的虧損，已等同於破產狀態。股價當然早已暴跌，但圍繞著是採用民間清理還是法律清理的問題，股價隨著每天的新聞報導而忽上忽下。

當時，媒體已經聽到了風聲，似乎日航可能申請《企業再生法》（即破產申請）。這樣下去的話，日航的資金周轉將會進一步惡化，已經沒有猶豫的時間了。

二〇一〇年1月13日，離申請《企業再生法》的預定時間已經不足一周了。企業再生支援機構的首腦層在東京赤阪的新大谷酒店與稻盛見面，再次提出了支援請求。

最後，稻盛鬆口說：「我可以接受，但有幾個條件。我希望不是作為清算管理人，而是作為會長，對日航的經營進行指導。我每週只有兩三天能在日航工作，所以，我也不收取報酬。」

機構方當場表示了同意，會議很快結束。

在離開前，稻盛從筆記本中取出了一張紙，在機構的所有在場人員面前讀了出來：「命運趨勢老耄年，小夜中山今又攀。」

這是收錄在《新古今和歌集》中的西行法師的和歌。「小夜中山」指的是位於靜岡縣掛川市佐夜鹿的一座山峰。當時，從京都去關東，需要越過鈴鹿、小夜中山、箱根這三大難關。小夜中山有夜哭石，傳說到了夜裡石頭會哭泣。

稻盛將要面對日航重建這一巨大挑戰，這和西行法師詠歎晚年悲壯旅程的和歌所描繪的心情不謀而合。從和歌中可以感受到稻盛悲壯的決心，若非如此，稻盛是不可能朗讀和歌來故意演戲的。

迄今為止，京瓷在其50年，KDDI在其27年的歷史中，公司募集過自願離職者，但從未有過強制性的解雇行為。但稻盛知道，這一次無論如何都無法避免了。考慮到這一點，他的心就隱隱作痛。

根據帝國資料銀行的調查，一九六二年以來，共有138家企業申請適用《企業再生法》。其中，到二〇一一年10月末為止，破產和清算等「二次破產」的企業占22.5%。

算上其他原因，最後「消失」的企業就占到了42.8%。而最後實現重新上市的企業，在138家中只有9家。稻盛他們將要挑戰的是「倖存率7%的戰鬥」。

本來，企業再生支援機構就有義務在決定支援後的兩年內終止支援，重新上市是有時間限制的。稻盛要挑戰的事業，難度極高。

社長西松遙以辭職的形式承擔了申請適用《企業再生法》的責任，繼任的是大西賢社長，而稻盛則按計劃就任會長。大西畢業於東京大學，來自整備部門。雖然這時的經營層還無法說團結得如磐石一般，但稻盛個人背負著眾人所有的期待，站到了經營第一線來了。

接受日航重建工作的，只是稻盛個人的行為，於是他一開始就決定不給京瓷增添任何麻煩。

但無論如何一個人沒有四隻手，只靠單槍匹馬還是不行的，所以他帶去兩名部下——京瓷通信系統公司（KCCS）會長森田直行和長期擔任稻盛秘書的大田嘉仁，他們當時分別是67歲和55歲。

KCCS這家公司即使在京瓷集團內部也是一家特殊的公司。成立於一九九五年，

目的是將阿米巴經營的訣竅傳授給其他關係企業。對於日航而言，正需要導入阿米巴經營。

森田是稻盛在鹿兒島大學的後輩，大田則和稻盛來自同一個街區——藥師町，上的也是同樣的小學。從立命館大學畢業時，大田不知道為什麼，一心就想去海外工作，但最後還是選擇了京瓷，這是因為那是一家值得尊敬的同鄉前輩建立的公司。他正如自己所期待的那樣，被分配到了海外部門，後來還被公司派往喬治城大學留學，是京瓷歷史上第二個留學海外的人。

回國後，他被分配到經營企劃室。稻盛擔任第三次行革審（臨時行政改革推進審議會）的「世界中的日本部會」部會長時，任命他為行革審會長的秘書。此後，他在稻盛身邊工作超過20年，可以說他比誰都了解稻盛的思維方式。

稻盛任命森田和大田為日航清算人代理兼會長助理，將他們當作《水戶黃門》中的渥美格之進、佐佐木助三郎一樣的隨從，一起帶入了日航。

二〇一〇年2月1日，稻盛到任的這一天，在日航總部二樓的側廳裡，聚集了二百名幹部員工。

首先，「稻盛團隊」被介紹給了大家。之後，稻盛起立講話：

「我會竭盡全力讓此次重建計畫獲得成功。不是為了股東，不是為了清算管理人，而是將經營的目標集中於一點——『追求全體員工物質和精神兩方面的幸福』。我將為此而努力投入日航的重建工作。」

接下來，他引用了自己敬愛的思想家中村天風的名言，「實現新計畫，關鍵在於不屈不撓的那一顆心。因此，必須抱定信念、鬥志昂揚、堅韌不拔，一個勁兒幹到底。」他以這樣的內容作為會長的就任講話，來敦促大家奮起。

但是，稻盛的講話剛剛結束，有一名董事就臉色大變，衝到了大田面前說：「那可不行啊！」

他跑來勸告，類似「員工第一的精神」這樣的話在這個公司是行不通的，重建計畫中預定有削減人員、調整待遇等嚴格的重組內容。如果稻盛在這個時候宣導「員工第一的精神」，就會正中工會的下懷。他們會將此視為承諾，阻撓重組進程。日航的董事們聽到稻盛剛才的講話都覺得心驚膽戰。

不過，稻盛沒有收回這個講話。如果這樣就收回的話，經營企業就沒有什麼意義

了。從這件事中，稻盛實際上感受到了這家龐大企業深深的陰暗面。

森田提出，把稻盛就任講話中提到的中村天風的話印成海報，貼到辦公室的牆上，認為這樣的語言一定能鼓舞人心。

但是，即便是這個提案，日航的幹部們也表示反對，「因為處在重建的過程中，所以沒錢印海報。」森田毫不客氣地回答：「如果是這樣的話，就在京瓷印好後運過來吧。」結果，他們只好不情願地同意了。

「這種公司，到底能不能重建啊……」——這些人的言行實在讓人心情低落。一直以來，日航被稱為「計畫是一流的，藉口是超一流的」——有必要糾正這種劣根性了。抱有深切危機感的森田向稻盛提出，要帶一個人過來。

這個人叫米山誠，是森田在KCCS的左膀右臂。米山於一九八〇年加入京瓷，進公司後第三年就參與了雅西卡的合併，後來又參與了三田工業的重建，是京瓷內部的「重建專家」。

於是，米山比其他成員晚了一個月來到日航。重建三田工業時，從京瓷派出的重建團隊含米山在內有10個人，但這次稻盛帶到日航的，僅有這3個人。

日航這家企業，一直以來都被認為比官僚還要官僚，這裡的很多事情在普通民營企業根本就無法想像的大黑洞。

稻盛首先要來了組織架構圖。一看才知道，日航共有約一千五百個組織，但據說其中有一些是沒有員工的「幽靈部門」。後來，稻盛嘗試著調查了一下，發現實際上有人的、「活著的組織」只有六百個，剩下的九百個都是「幽靈部門」。

於是，他詢問了理由，結果嚇了一跳。在日航，一旦成立的部門，即使後來不需要了，也不關閉，而是任其閒置。但部門沒人了，費用卻還在產生。例如，曾經有過人的「幽靈部門」，辦公室裡仍然放著電腦，所以日航的電腦數量超過員工人數。

稻盛他們來到的是一個和京瓷完全不同的公司。京瓷內部有「阿米巴」這種靈活機動的組織，而這裡正相反。在這種之前根本無法想像的組織架構面前，要理出頭緒，找到下手之處，是一件讓人頭疼的事。

下定決心無論如何都要重建日航的稻盛已經義無反顧了，他接下來要做的，就是瞭解日航的工作現場。

他來到飛機的整備工廠和各個機場進行視察，和各處的工作人員談話交流。對於

人數超過一百人的子公司社長，他對每個人花一個小時，全部一一面談，總共花費一百個小時以上。如果沒有吃午飯的時間，他就在一樓的超商便利店買來兩個飯糰，以此打發一餐。

稻盛通過不斷面談，非常清楚地瞭解到，日航的每個角落都滲透著「原國有企業」的驕傲，員工們到現在為止都不認為自身的角色發生了變化。

「在考慮利潤之前，應該優先考慮安全。」

「考慮到公共性，即使是虧損航線也要飛。」

稻盛就任會長之後，每次都是特地從京都先到伊丹空港，乘坐日航的飛機，去往東京天王洲的日航總部。其實，乘坐新幹線的話會較為輕鬆，但稻盛認為，為了瞭解現場，乘坐日航飛機也是工作內容之一。而且，他每次都坐經濟艙。

大田嘉仁所著的《日航的奇蹟》一書中，介紹過這樣一個插曲——

有一次，秘書部接到了一封客戶來信，信中是這樣寫的：

「前段時間，我坐日航的飛機從大阪去羽田。我坐的是經濟艙。到達目的地，飛機降落後，有一位坐在我旁邊的、比我年長的老人，特地幫我從行李架上取下了行李。我當時急著離開，沒來得及道謝。後來我覺得那個人似乎是稻盛先生，所以寫了這封信。如果真的是稻盛先生本人的話，希望借此表達我的謝意。」

大田把這封信拿給稻盛看，據說稻盛只說了一句話：「是我啊，重視乘客理所當然，行李是我幫忙拿下來的，怎麼了？」

為了喚醒大家的意識，稻盛特地用了嚴厲的語言：「你們已經讓這家公司破產一次了，正常而言，你們現在應該是在職業介紹所找工作。」

他反覆強調，「沒有利潤，就沒有安全」、「營業利潤至少要超過10％」。

雖然有人內心強烈抵制，並且發出「難道利潤比安全運行更優先嗎」的責問，但大家都心知肚明，稻盛的意思不可能是犧牲安全去追求利潤。明知自己會受到批判，但稻盛還是要在幹部們的頭腦裡植入核算意識。不是為了完成重建計畫，而是為了在10年、20年後，日航仍能繼續生存下去。

稻盛每次講完後，都要再分成各小組討論，第二天還要提交學習彙報，每一篇彙報稻盛都親自過目。

之後，由大田擔任主要的講課任務，而稻盛每週一次對「經營12條」進行講解。

「會計7原則」，則讓大家觀看了稻盛在鹿兒島大學的演講視頻。此外，稻盛還拜託京瓷顧問伊藤謙介和KDDI會長小野寺正來協助進行講課。

當時盛和塾的學員也給予稻盛他們很多協助，讓人感激。

接受講課任務的盛和塾的塾生們羨慕地對日航的幹部們說：「你們真的有福啊，可以直接向塾長討教。」——但是，日航的幹部們當時似乎還不以為意。

事實上，自從聽說稻盛挺身而出接手日航的重建工作後，盛和塾的塾生們就已經行動起來了。無須誰帶頭，大家自發地開始支援塾長，很快就成立了「55萬人支援日航有志會」。

當時，盛和塾的塾生大約有五千五百人，如果每個人帶動一百個人乘坐日航的話，就有55萬人，所以叫「55萬人支援日航有志會」。

另外，為日航的員工寫下鼓勵的話語，在乘機時交給他們表達支持，這樣的運動也在開展。大家都認為，現在就是報答塾長平時無私指導些最好時刻，為此而東奔西走。所以——稻盛不是一個人在戰鬥。

第一天的領導人教育課程結束後，當場舉行了「空巴」。但對於在場的董事們來說，最尷尬的場景可能是稻盛招呼他們：「過來過來，到這裡來，再喝一點兒吧。」他們紛紛拒絕了稻盛的邀請，很多董事都在課程結束不久後離開了房間。甚至有人說：「沒時間討論精神論的問題。」

在一旁看著稻盛的大田後來回憶說：「作為旁觀者的我恐怕比稻盛更難受。」京瓷式空巴基本是「全員參加」，這在當時的日航還沒能實現。

但是，讓他們的態度發生巨大轉變的契機到來了，這就是第一屆領導人教育結束時舉行的外宿空巴。按計劃，培訓會場要轉移到外部的酒店，當天培訓結束後就直接住在這個酒店。

後來找到了一家離總部較近的，位於川崎的廉價商務酒店，但參會者的臉上還是浮現出困惑的表情。大田覺得這樣下去不行，他想到了一個辦法，就是將培訓結束後的空巴改為在榻榻米上舉行。

他把會議室裡的桌椅全搬了出去，把借來的榻榻米鋪在地上，全員圍坐一圈。除此之外，沒有做任何改變。但僅僅這一個小小的改變，就讓空巴的氛圍迥然不同，大家的心情一下子放鬆起來。

到了要參加者表明決心的環節，每個人講話的時間規定是3分鐘。結果，大家都很興奮，規定時間內總是講不完，甚至有人講了兩次、三次。

大家本來就都是從內心非常熱愛日航的人，想說的話實在太多了。慢慢地，大家和稻盛團隊之間的心靈隔閡終於逐漸消失了。

大田凌晨2點才回房睡覺，但有的人到了凌晨4點還留在會場討論。現在，這一天的集訓在日航內部被稱為「傳說中的集訓」。

以此為轉捩點，日航的空巴一下子變得氣氛熱烈起來。京瓷的風格是一旦氣氛熱烈，就會有人唱歌。

開始時，第一屆領導人教育的結果很讓人擔心。但最後，大家都是變成帶著期盼的心情迎接最後一天的課程。這一天又是稻盛擔任講師，他沒再說些什麼大道理，而是非常乾脆、俐落地進行了收尾。

結果，52名經營幹部全員都出席了，總計17次的全部課程，提交了很多作業和報告。所有人都全勤出席了。

以前的日航，沒有讓全部董事都集中起來學習的機會。一有會議，就會有人說

「有點兒事情走不開」而缺席。

對於了解日航以前情況的人來說，現在的日航看起來太不可思議了。就這樣，董事和管理幹部的意識首先發生了轉變。

大西社長很早就想為新生的日航制定新的企業理念，但不確定是否應該像京瓷一樣，奉行員工第一主義。

他認為，在考慮工會會如何反應之前，先要思考的，是日航這家公司的股價已貶值為零，使得債權人不得不免除其債務。這樣一家企業，在企業理念的最前面就加入「追求全體員工物質和精神兩方面的幸福」這樣的語言是否恰當，關於這一點，董事之間也有過討論。

大西思來想去，沒有結論，於是找稻盛商量。稻盛當場回答說：

「我認為這樣的企業理念才是永恆不滅的。」

只要是企業，不管是否處於重建的過程中，員工第一主義是企業存續的支柱，這一點具有普遍性。稻盛一句話就確定了「日航企業理念」的骨架。

制定了「日航企業理念」之後，此理念立刻在公司內予以貫徹。在每次培訓開始

時，全員起立共同誦讀就成了慣例。

「日航集團在追求全體員工物質和精神兩方面幸福的同時，向客戶提供最好的服務，提高企業價值，為社會的進步發展做出貢獻。」

接著，稻盛又向大田發出了指示：「不僅要制定企業理念，還要制定日航自己的企業哲學。」

於是，二〇一〇年12月，「日航哲學」制定完成。

第一部分以「為了度過美好人生」為題，第二部分是「為了成就卓越的日航」。將美好的人生放在卓越的企業前面，也體現了員工第一的精神，即通過自我實現目標而讓公司變得更好，希望將這種思想在全體員工中予以貫徹。

接著，從二〇一一年4月起，日航開始了以整個集團全體員工為對象的日航哲學教育。每三個月一次，每次兩個小時，以培訓的形式進行。從改變員工的「思維方式」入手，正是字面意思上的意識改革，這是一個讓大家形成合力的過程。

在日航哲學中，加入了京瓷哲學裡沒有的新內容。例如，「最佳交接棒」等，就是新內容。就是說，不是只考慮自己負責的工作，同時也要為下一道工序的人考慮。

這樣做的話，工作就能更順利地開展。

一直以來，日航的飛行員從不和別人打招呼。不僅對員工，對客戶也從不微笑。他們不願取悅周圍的人，保持清高甚至（機師）高人一等的感覺，並以此為榮。

此時，這一現象逐步發生了改變。這就是努力踐行「最佳交接棒」的結果。大家思想一致，共同語言就不斷增加了，部門之間的溝通也得到了顯著提升。而且，日航內部的氛圍也發生了明顯變化。

有一天，稻盛在幹部員工面前這樣說道：

「我愛日航所有的員工。雖然我可能還會說很多不近人情的話，但這是因為我真心祈願大家幸福才說的。以後的道路還很漫長、很艱難，讓我們一起努力。」

這時候，在一旁的大田看到好幾名幹部都落淚了。大田吃了一驚，於是詢問原委，他們是這麼回答的：

「這種時候，領導人一般都會說要更加努力等激勵的話，但稻盛先生卻說他愛我們。所謂『愛』，意味著犧牲自己，為對方竭盡全力。聽到這樣的話，我很感動，眼淚就流下來了。」

當初的警戒心漸漸消退，稻盛的語言開始直達他們的內心了。

4．日航的奇蹟

所謂不可能，只是現在自己不可能，
對將來而言，那是可能的，
應用「將來可能」這種思維來考量，
要相信我們具備著無窮的潛力！

日航的重建不能淪為一時性的延命措施，所以，必須將經營民營企業的基本要素予以融入，使其達到無法輕易回到過去的程度。

於是，稻盛在推進重建計畫的同時，著手選擇能繼承他經營精神的後繼者。他打算讓這位後繼者擔任新生日航的下一任社長，而自己則卸任會長一職。他很早就有了中意的人選，而且是在日航內部。

二〇一〇年12月，航運本部長植木義晴被叫到了會長辦公室。不知道發生了什麼事，植木有些忐忑不安地進入了辦公室。

稻盛開門見山：「你來擔任路線統括本部長吧。」植木當場目瞪口呆。

植木作為最末席的董事，擔任航運本部長才剛剛10個月。雖然聽說了要設置阿米巴經營的核心組織路線統括本部，但僅僅是猜想誰會擔任這個統括部長（相當於總經理，執行經理的職務），根本沒想到會落在自己的身上。

「我既沒有這樣的知識，也沒有這樣的經驗。」植木堅辭不受。

對此，稻盛仍然面不改色地說：「這些我都知道。」

自從來到日航，稻盛就在仔細觀察董事們，最後他把目光放在了植木身上。

植木是時代劇明星片岡千惠藏的兒子，曾當過兒童演員，經歷與眾不同。他希望成為飛行員，卻沒考上航空大學。但他進入慶應義塾大學法學部後仍然沒有放棄飛行的夢想，再次報考後終於合格，並於一九七五年加入日航。

稻盛當初就覺得下一任社長最好是由基層鍛煉上來的。如果讓飛行員出身，又具有聲望的植木就任社長，對公司內部的管理也有好處。作為企業再生支援委員長來到

日航的瀨戶英雄當即就贊成了。

到此為止的一切，幾乎完全按照稻盛的規劃在進展。

日航由於導入了阿米巴經營而獲得了前所未有的盈利能力，一度看起來高不可攀的重建計畫開始進入理想的「射程範圍」。人心煥然一新，員工的道德規範也得以提升，後繼者的人選也有了。誰都認為，剩下的就是等待完成重建手續和重新上市的那一天了。

但是，老天給了他們考驗。做夢都沒想到的，前所未有的天災降臨了。不是別的，就是二〇一一年3月11日發生的東日本大地震。

不過，這時的日航已經強大起來了。正所謂「疾風知勁草」，大家忘記了公司還在重建的過程中，瞬間振奮起來，立刻投入賑災的復興中。

「舉全公司之力，向東北運送救援物資！」

地面的道路網和鐵路網都已嚴重損壞，日航上下團結一心，下定決心替代東北新幹線運送物資，直至其恢復運行。

「用『作為人，何謂正確』來判斷事物」「貫徹現場主義」「判斷和行動時帶有緊迫感」等日航哲學的精神在這裡發揮了作用。如果是以前的話，一開始恐怕是各個縱向部門的代表先碰頭開會，但當時首先是現場接二連三地給出了提議。

「山形機場沒有受損，我們可以將其作為發送臨時航班進行大量運輸物資與人員的中繼機場！」

結果，這個方案被採納了。國土交通省向山形縣提出了請求，讓山形機場24小時運轉，以應對救援需求。山形機場原先一天只能發送4個航班，每個航班的機型只能坐50人。日航員工從全國各地到此集結，開始準備接收體制。

在植木領導下的路線統括本部也全速運轉起來。他們對全部航線進行重組，甚至延長了原先決定要退役的鹿兒島航線所用空客飛機的服役時間，想盡辦法調集飛機。接下來，就開始向山形機場發送臨時航班，航班數量達到了2723個。ANA也做了同樣的努力，但就發送航班數量而言，日航勝出。實際上，根本看不出這是一家前一年已經破產的企業。甚至可以說，比破產以前更好，因為以前的日航根本無法實現如此迅速的應對。

另外，關於股票重新上市的主要承銷商的選擇，從過去與日航的商業往來來說，

野村證券一度成為熱門，但結果日航內部決定，選擇了大和證券。這是因為從京瓷上市開始，就與大和證券建立了長期的信賴關係。

但是，重新上市的道路並不好走。

雖然兩年來不斷努力，徹底削減了成本，但這也是有極限的。如果業績只在重新上市前高漲，而在此後無法持續的話，即便真的上市了，也只是給股東添麻煩。而且，主導業績恢復的稻盛，要在重新上市後退出經營第一線，這已是基本確定的方針。沒有了超凡領袖的日航，無法保證不會回到過去的官僚體制。

考慮到市場相關者的不安，重新上市必須慎之又慎。

所以，他們反省了日航在破產之前，由於大股東的動向而導致股價忽上忽下，決定尋找戰略投資人。這也造成了後來重新上市時股票數量的減少。

日航首先向主要銀行和商社提請，希望它們持有股票，但根本無人問津。因為日航的股票淪為廢紙是不久之前的事，它們的反應可以預料。

承接盤方一直沒有出現，只有時間在不斷地流逝。雖說京瓷從一開始就決定成為戰略投資人，但除此以外，給出同意答覆的，只有東京海上日動火災和稻盛朋友們的公司。

就這樣，在公司重建手續快要完成的二〇一一年3月15日，公司進行了1股二千日元，合計127億日元的定向發行。投資的共有八家企業，京瓷和作為主承銷商的大和證券兩家就購買了100億日元的股票，占了一大半。

為了重新上市，可以說一切都慎之又慎了，但這次定向發行的時間點實在是太糟糕了。這是因為，公司重建的完成和財報公布的時間已經臨近，內部人員都知道財報上的數字有多好。

儘管非上市公司不適用內部交易限制法規，但如果被人認為這是不當收益的話，那也是沒有辦法的事。當然，大和證券在事前已經對法規進行了確認，做出了沒有問題的判斷，但這在日後仍然受到了指責。

在匆匆忙忙中，迎來了二〇一一年3月28日，日航的公司重建手續終於順利完成了。日航重建的速度遠遠快於當初的預測。二〇一一年3月期的營業利潤（合併報表）為一八八四億日元，創下了歷史最高紀錄。這個數字實際上是重建計畫所預期的六四一億日元的三倍。

不僅如此，第二年的二〇一二年3月期決算被認為利潤一定下降（因為投入義務賑災關係），但實際上又創造了歷史最高的營業利潤紀錄，達到了二〇四九億日元，連續兩年打破紀錄。

日航完全按照字面意思實現了V字形的火鳥再生之姿！

翻閱二〇一二年3月期的決算報表會發現，銷售額比破產前下降了四成，這是因為削減了航線，以及出售了一些不盈利的事業。但同時，因為徹底削減了費用，甚至把銷售費用減少了一半，才創造出了歷史最高利潤。證券分析師在日航重新上市前分析其財務狀況，對阿米巴經營的威力大為驚嘆！

而且，在杜絕浪費的同時，稻盛沒有忘記要把「日航之魂」留下來。這就是東京——舊金山航線。

日本最早投入運營的國際航線，就是由日航開闢的從羽田機場出發，經由夏威夷到達舊金山的航線。雖然這條航線與飛往紐約的航線相比，收益更低，但因為其蘊含著追憶前人努力的紀念碑式的意義，所以被特地保留了下來。

正是在這種危急時刻，才能看到阿米巴經營所發揮的真正作用。所有的阿米巴都呈現出前所未有的活力，全力以赴面對危機。大家都在思考自己如何才能做得更好，共同出謀劃策。「最佳交接棒」的循環在公司內全面滿載負荷地運轉起來。

當時，每個航班的收支都已經能在第二天看到了，利用率一旦降低馬上就能發現，不花什麼時間就能適當地取消航班。此外，更換小機型及機組成員等操作也能在精密計算的基礎上實現了。

本來日航的員工就很優秀，甚至「超」優秀。路線統括本部的人甚至已經考慮到日航在國外機場專用候機室的收費了。細小數字的累計使正確的預測成為可能，將問題的影響限制到最小。這都是拜稻盛經營哲學的薰陶所賜。

因為所有的數字都實現了「可視化」，所以哪個部門現在有困難、哪個部門正在努力，一眼就能知道。有困難的部門即使不發聲，大家也會去支援，努力的部門則會得到全公司的讚譽。

企業的價值僅用數字表達是遠遠不夠的，真正支撐企業的是眼睛無法看到的員工的道德規範和自豪感等賬簿以外的資產。所以，稻盛用行動告誡大家不能將過去的歷

史全部否認，而是要對前人艱苦奮鬥創下的基業表達敬意，並充滿自信地將其代代傳承下去。

二〇一一年1月11日，植木再次被稻盛叫去談話。當他進入會長的辦公室時，發現除了稻盛，瀨戶也在。當他被告知「下一任社長就是你了」的時候，他已經心理有數，不再是驚訝不已了。

於是，2月15日，在臨時股東大會後的董事會上，植木被任命為社長，大西就任會長。形成了大田嘉仁作為專務董事支持植木的形態，新體制就此開始運行。卸任會長的稻盛，作為沒有代表權的名譽會長，將注視著日航，直到重建完成。

社長的就任會議上，新任社長植木發表了《日航集團中期經營計畫》。

計畫中公佈了出於對燃油效率等的考量，要將被昵稱為「巨人」的波音747飛機退役的方針。考慮到與此有關的整備人員的存在，專家之間也曾有分歧，所以這是一個下定決心的舉措。

僅僅依靠重組無法期待企業的持續成長，所以植木在會上也強調了會將同樣來自波音公司的最新型的787從35架增加到45架，以強化國際航線。

新官上任，就顯示出著眼於重建之後的新氣象「進攻」姿態，植木義晴並沒有辜負稻盛等人的期待。

二〇一二年9月19日，日航終於在東京證券交易所第一部重新上市了。自二〇一〇年2月退市算起，僅用了兩年零七個月。不僅在「倖存率7％的戰鬥」中獲得了勝利，而且這個勝利是以史無前例的速度實現的。

但與此同時，大和證券的壓力卻很大。他們的銷傳現場據說是出現了類似於夏乏（夏天天氣太炎熱，以至使身體疲勞困乏）的「日航乏」。

實際上，相對於發行價格的三七九〇日元，重新上市時的新股價格為三八一〇日元。好不容易才沒有跌破發行價，但已經很危險了。

前面曾提到過，企業再生支援機構向日航出資了三五〇〇億日元，機構在1年10個多月的投資期內，獲得了三〇〇〇億日元以上的資本收益。此外，日航從日本政策投資銀行獲得的六〇〇〇億日元的融資也全部還清了。

日航的破產對國民經濟造成了很大的負擔，但至此已將所有公共資金予以返還，

成功地把「傷口」控制在了最小程度。

稻盛在重新上市時，對日航的全體員工發出了如下資訊：

「要謙虛，不要驕傲，要更加努力。」

此後，「要謙虛，不要驕傲」成為日航的口號。

〔番外篇〕燃燒生命的鬥魂

回顧一路走來的歷程，日航重建的道路絕不平坦。

在破產之前，誰都認為日航無法重建。破產後，關於重建的方法又是百家爭鳴。由於政權交替的混亂和對於財政惡化的擔心，大藏省不斷向日航施加壓力。而且，日航還被捲入民主黨政權的內部鬥爭，最後還遇到了做夢都沒想到的東日本大地震。

日航內部最初就像刺蝟一樣，充滿了戒心，還有論調批判稻盛將利益置於安全之上。但是，隨著「正確的思維方式」的昭示和不斷任實際中取得成果，大家逐步打開了心扉。隨後，他們將稻盛的經營哲學視作希望的曙光，不斷努力，最後順利度過了極其困難的時期。

植木後來回顧稻盛重建日航時是這麼說的：

「我經常會被問道：『稻盛名譽會長來到日航的這三年裡，公司和員工的什麼地方改變最大？』用『核算意識提高了』這句話來回答應該比較好，但最大的變化是員

工的心靈變得更美好了。」

「二〇一三年3月19日，稻盛卸任日航董事的記者見面會召開了。從這一天開始，稻盛為了重建日航而拼命苦戰的階段告一段落。

在總部二樓的側廳裡聚集了超過一百名媒體記者。到了預定時間下午5點，稻盛和植木社長出現了。雖然穿著明亮的灰色西裝，繫著紅色領帶，顯得很年輕，稻盛卻面色陰沉。

新社長植木開口說話了：

「關於從4月1日開始的新體制，由我來進行說明。在今天召開的臨時董事會上已經決定，稻盛名譽會長兼董事將卸任董事一職。今後，大西會長和我將會站到一線，以稻盛為日航植入的哲學和分部門核算為兩大支柱，保持謙虛，持續努力。」

植木講完之後，稻盛接著拿起了話筒，開始平靜地講述：

「三年前，我作為航空業的門外漢，以完全無知的狀態，魯莽地接受了大任。這是因為我希望能守護日航三萬兩千名員工的飯碗，減少破產對日本經濟的負面影響。日航的員工從破產這一死亡深淵中奮力向上攀爬，他們接受了我的思維方式和經營手法，使得業績在短時間內得以恢復。成就了連我自己都難以相信的極其優異的成果。對於大家的幫助，我從內心表示感謝。」

接著，他吸了一口氣，才繼續說道：

「正在這種局面好轉的時候，卻有人開始吹毛求疵、誹謗中傷。他們對於好不容易奮起的日航的員工們，不是以溫和的目光支持他們說，『幹到這種程度，不容易啊！』反而是去敲打他們。我覺得這是令人極其遺憾的事情。我感到很心痛：『難道社會就是這樣的嗎？世間就是這樣的嗎？』（關於內部交易的疑問）

現在重新上市，股價上升了，這麼說似乎也說得通。但在當時被認為可能會二次破產的當口，沒人敢於投入如此大的資金。現在，有人用結果論來說現成（風涼）話，這對於付出犧牲、冒著風險投入資金的人來說，就讓人心涼了。我覺得很遺憾。」

一直都面不改色地淡淡講述的稻盛，在這一瞬間，顯得平靜的面龐扭曲了。一定是感到特別遺憾，或許他的眼中飽含著淚水。

但最後，當他被要求「向日本的經營者發出寄語」時，他抬起了頭，恢復了情緒，簡短有力地說了一句：「日本企業的領導人，必須以更為強烈的意志引領企業前行，沒有鬥志的經營是不行的。希望他們想方設法將自己的企業建設成優秀的企業，為此而燃燒自己生命的鬥魂。」

終章

稻盛和夫的完美告別

・稻盛和夫的經營哲學
・空巴
・阿米巴經營
・創辦「京都獎」始末
・盛和塾：傳達「努力・簡單・利也」的理念

過去には感謝を
現在には信頼を
未来には希望を

一、稻盛和夫的經營哲學

人生中的困難與挫折，
正是我人生的起點，
也是我最大的「幸運」！

稻盛和夫（一九三二年1月30日～二〇二二年8月24日），出生於日本鹿兒島縣。一九五五年畢業於鹿兒島大學工學部。他一人建立了兩家世界五百強企業——京都陶瓷株式會社（京瓷Kyocera）和日本第二電電株式會社（KDDI）。稻盛和夫擔任京瓷和第二電電名譽會長。成就在日本四大「經營之聖」中，稻盛和夫是年齡最小也是跨越昭和、平成到令和等三個時代的經營之神！

一九八四年稻盛和夫獲得日本政府頒發的紫綬褒章。此外，他還分別獲得美國阿爾弗雷德大學、丹佛大學、聖地亞哥大學，英國克萊菲爾德大學名譽博士學位。

經營理念稻盛和夫完整地經歷了日本經濟從戰後恢復，到創造奇蹟，直至泡沫破

裂的完整過程。他刻苦勤奮的精神以及深植於佛教的商業道德準則，也使其成為日本本土企業家的代表人物。他認為企業最重要的在於三個要素：專業人才、金錢、技術。只要有這三項要素，就有經營。在這三者之中，人才又是最重要的。他堅信只要能將擁有樸素、開朗的心的人才齊聚一堂，讓大家團結一致，就一定能夠成就大的事業。

1・商業理念

「君子愛財，取之有道。」、「君子散財，行之有道。」稻盛和夫說：「這是利他之心的回報，為對方著想似乎傷害了自己利益，但卻帶來意想不到的成果。」

在近半個世紀的時間裏，稻盛和夫親身所經歷的經濟週期有很多回，但是憑藉其膽識和遠見，反而使企業不斷在逆勢中成長。對於所謂「蕭條」，他認為商業經營者實在沒有必要感到悲觀，有蕭條的時期，必然就有往上走的時候，在不景氣的時候，最重要的大事就是要為未來做好準備，一定要有遠見，不要慌張，要忍耐。不妨利用這段寶貴的時間，認真思考自己的產品、服務和市場，針對可能的研發、細分市場進行準備。每次當經濟不景氣的時候，稻盛和夫都會專注於研發，去探究各種新業務、新產品的可能性，KDDI便是他在不景氣的時期所創立的新業務。

2．思維方式

稻盛和夫對「思維」的釋義是涵蓋了生活態度、哲學、思想、倫理觀等因素人格。他痛惜戰後的日本以選擇聰明才辯型的人做領導為潮流，忽略了道德規範和倫理標準，導致近年來政界、商界醜聞頻發。他建議領導者的選拔標準，德要高於才，也就是居人上者——人格第一、勇氣第二、能力第三。

3．「心靈經營」之道

稻盛和夫指出，無論做人還是做事，我們講求的是用「心」。心理作用是影響一切的根基。在市場中做企業，在企業中做員工的「心」理工作，是簡單而復雜的事

情。「複雜」是因為作為企業管理者要根據不同員工的情況，進行以「心」的感染。「簡單」是因為我們只要掌握多數員工的心理共性，施以影響，便會產生很好的效果。企業只有對「心靈」進行經營，才能使員工感到自身的幸福與公司的發展是緊密聯繫的。只有堅持為全體員工謀求物質和精神兩方面的幸福，並以此為企業的奮鬥動力，才能使全體員工與企業同心協力，共同前進。

4・稻盛和夫的成功方程式

稻盛和夫的成功方程式需要有極其敏銳的頭腦和極其柔軟的心。需要用神經、眼睛、身體、耳朵、嗓音去全然地敏感，去覺知並跟隨一刻接一刻的真實，才有可能抓住那個「神秘預言」。當對一個目標有著強烈的持續的渴望時，苦苦思索體悟，就可能在事先「清晰地看見」那個嶄新的結果，如果沒有清晰的意象就不會有嶄新的成果出現，這似乎有點懸帶有神祕色彩。不過，稻盛並沒停留在靈感的頓悟上，而是深入在實踐中摸索出了一個創造力方程式：「創造力＝能力×熱情×思維方式」。

5．創造力＝能力×熱情×思維方式

「能力」主要指遺傳基因以及後天學到的知識、經驗和技能；「熱情」是指從事一件工作時所有的激情和渴望成功等因素；「思維方式」則指對待工作的心態、精神狀態和價值偏好。一個人和一個企業能夠取得多大成就，就看三個因素的乘積。

其中，能力和熱情，取值區間為0～100。因為是乘法，所以即使有能力而缺乏工作熱情，也不會有好結果；自知缺乏能力，而能以燃燒的激情對待人生和工作，最終能夠取得比用有先天資質的人更好的成果。思維方式取值範圍則為-100～+100。改變思維方式，改變一個人的心智，人生和事業就會有一百八十度大轉彎；有能力，有熱情，但是思維方式卻犯了方向性錯誤，僅此一點就會得到相反的結果。

這個成功方程式，不是稻盛和夫用來展示自己理論的坐標，而是在實踐中考察提拔幹部和選聘員工的尺規。從這個等式出發，稻盛和夫堅持在公司中不用聰明人，不用一流大學畢業的學生，更不用有資深背景的人。在他看來，這些通常讓人們引以為傲的東西，恰恰是專注做事的障礙。如果不能調動全身的感覺和能量潛身於細節之

中，就不會有持久的熱情和到位的思維。他一再強調：「我希望人們銘記這個『神秘預言』，人生與心意一致，強烈的意念將以一定的現象表現出來。」

6．以哲學理念辦企業

所謂「philosophy」，就是哲學。

但稻盛哲學絕不是高深難懂的東西，比如要「做出正確的判斷」，要「抑制利己，發揚利他精神」，要「付出不亞於任何人的努力」等等，都是做人做事最基本的態度。透過交杯換盞的稻盛流「空巴」，促使員工自問自答：自己「為什麼活著」、「為什麼工作」，讓哲學化為員工的血肉。

由阿米巴經營實現了嚴格的數據管理，由哲學經營實現了正確的理念共有，這兩個不同層次的經營大命題相輔相成，並在實踐中獲得了證明。

稻盛和夫先生神態祥和，溫文寬厚。白手起家的艱辛，人生際遇的坎坷，這些對他宛如過眼煙雲。他從日本的傳統文化與中國古典典籍中汲取精華，形成了獨特的經營哲學。他認為，辦企業和做人一樣，都應遵循一些倫理原則，比如「敬天愛人」、「誠實公正」、「滿招損，謙受益」等。為了思考人生和社會，他甚至一度遁入佛門。至於在經營上的最後忠告，則是他一輩所尊從的——動機至善，了無私心。

二、空巴

1．什麼是「空巴」

「空巴」語意類似「喝酒的聚會」的意思，用於稻盛的企業中可理解為是一種「酒話會」。

創辦了兩家「世界五百強」的稻盛和夫去所打造的獨特「空巴」，意味著：企業全體人員在工作之餘，通過喝酒聊天、暢想未來等形式，在非工作場所，摘掉職場上的「面具」，放鬆地說出自己的真心話和不滿，構建領導與員工之間心與心的交流，實現目標共有，從而達成全員一心。

「空巴」，正是稻盛和夫用來支持京瓷、KDDI經營以及重建日航的重要手段，更是踐行稻盛式經營兩大支柱——人生哲學與阿米巴經營的重要前提。

2．空巴的影響力

要成功導入阿米巴經營，空巴是必不可少的工具。阿米巴內部或各阿米巴之間，如果成員之間不協調，就難以通力合作實現數字目標。為了與夥伴同心同德，團結一致，就必須舉辦空巴。

事實上，從事阿米巴導入諮詢的京瓷的子公司KCCS管理諮詢公司（KCMC），就負責為企業的空巴實施提供指導。

在阿米巴經營的研習會上，歷時三個月的課程之後，KCMC和學員們就會一起吃火鍋，舉辦空巴，進行實地指導。而且這家公司的諮詢顧問還為簽訂了諮詢協議的企業提供一對一、手把手的空巴指導。在阿米巴經營實踐手冊中，有兩頁是用來講解空巴的舉辦方法。空巴是支撐哲學和阿米巴經營這兩大支柱的基礎，如果沒有空巴，稻盛式經營是無法成立的。

森田直行與稻盛和夫一樣畢業於鹿兒島大學。畢業後，他於一九六七年加入京瓷，主要負責構建阿米巴經營及建立、推動資訊化系統。一九九五年，他被委任對外

銷售京瓷的不傳之秘——阿米巴經營。

在重建日航時，他以副社長的身份，帶頭導入阿米巴經營，被稱為「阿米巴經營的傳道士」。而就是這樣的森田回憶道「空巴曾經救過我」。

曾是新員工的森田被分配到工廠，負責給客戶開具出貨單。在那個時代，電腦還沒有普及，靠算盤計算三四位數乘法運算，這對森田而言十分吃力。森田才開出一張出貨單，其他算盤打得好的女事務員已經開好了三張。森田在工作中找不到價值感，每日悶悶不樂。

那時，森田最期待的就是，每月和同期員工一起舉辦空巴。在剛進公司時，工務課長曾經提過這樣的建議。

「每月同期加入公司的員工都要舉辦空巴。但是，如果僅是同期員工聚在一起，很容易抱怨公司和上司，所以一定要邀請資深的前輩出席，有什麼問題可以問他們。當然，也可以叫上稻盛社長。」

森田和同期的員工共11人遵守了這一教導，每月都舉辦空巴，並且邀請工廠廠長等人參加。

「聽著，森田，專注於眼前的工作，才能為你的人生打好基礎。」

受到前輩的鼓勵，森田對工作和人生都變得積極了。可是，從空巴的第二天開始，激昂的精神又在日常的繁瑣工作中逐漸委頓。積極性忽高忽低。後來，在重覆舉辦空巴的過程中，空巴後士氣低下的情況逐漸減少，在進入公司一年左右的時候，他終於能時常保持精神飽滿，士氣高昂。

「進入公司第一年，空巴讓我對工作的態度和人生觀奠定了基礎。我對那些出席空巴的人們感激不盡。」

在空巴中，人生觀和工作態度都得到了培養。森田通過自身體驗掌握了空巴。在開始從事指導阿米巴經營的工作之後，他積極地傳播空巴之道。而重建日航時，每當出席員工們的空巴，他總是想起過去的自己，堅信只要把空巴堅持下去，人心就一定會改變。

員工都說，在酒話會等場合與稻盛見面交談後，會覺得自己似乎成長了許多，受到了某種難以名狀的影響。

「我覺得他是一個花園的主人。花園裡，玫瑰呀，百合呀，鮮花盛放，但他卻連野草也不忘施肥……」（山崎和之）

「稻盛是一個注重內心精神世界的人。」（山崎和之，一九七七年高中畢業入職）

「面試的時候，稻盛先生問我座右銘是什麼。我答道，並沒有什麼特別的座右銘，但在公司工作七年，嚴於律己、寬以待人，這句話一直銘記於心。當時社長卻說，『這很有問題，寬以待人是不是妥協的產物？所謂寬以待人，必須要通過嚴厲的方式才是正確的。你自己有時候是不是也會睜一隻眼閉一隻眼，心想用不著發多大火？』聽到這話，我瞬間感到，他已經將過去七年間的自己看得一清二楚。」（福井誠，一九七三年跳槽入職）

「京瓷發展壯大的原動力是社長的夢想。社長有了什麼打算，會自己在前方引領大家齊心協力跟上。在這樣的環境和氛圍下，社長的設想一件接一件地實現，日積月累，越做越大。」（樋渡真明，參與了京瓷的創業）

3．空巴的鐵律

稻盛認為，如果想靠空巴真正提升企業凝聚力，最大程度達到支援經營的目的，那麼，就必須設置一些鐵律——讓大家在喝酒也要遵守鐵律的同時，將企業所秉持的理念、團隊合作的熱情根植於眾人心中。

稻盛的「空巴」有一條鐵律——不允許自斟自飲。

因為他認為，搶在別人前面，把自己的杯子倒滿酒，這是利己的表現。要留意周圍人面前的杯子，杯中的酒一旦少了，馬上給別人斟滿。禮尚往來，這樣為別人斟酒，自己的杯子也不可能是空的。

當然，不僅限於斟酒，對待宴席上的各種美食，也是同樣的道理，不可獨自享用，要照顧到在座的其他人。

就如稻盛經常講述的，一個佛教中廣為流傳的「地獄的麵條與天堂的麵條」的故事：天堂和地獄中，都有一個巨大的鐵鍋，其中熱水沸騰，煮著麵條。旁邊放著長達一米的筷子。地獄中的人用長長的筷子搶先夾著麵條往嘴裡送，可是筷子太長，放不

進嘴裡，弄得滾燙的水四處飛濺，燙得遍體鱗傷。

而另一邊，天堂的人夾起麵條，稍稍晾涼，說著「請您先用，」送進對面的人的嘴裡。「哎呀，真好吃，接下來您請。」對面的人一邊說著，一邊用長長的筷子把麵條送進對面人的嘴裡。

這個故事很好地體現了稻盛和夫在經營企業時所秉持的理念，即擁有「利他之心」，不要只考慮自己，替別人著想的同時也是造福自身。

在迎新空巴中，每張桌子旁都坐著一名領導，而每隔一段時間，這些領導人都會遊走席間，最終為所有新員工斟上酒。通過空巴上，領導的種種「利他」細節，「利他之心」的理念就潛移默化地滲透到新員工心中。

也許正因為這樣，京瓷的管理幹部多推行吃火鍋。

他們為部下切好火鍋食材，甚至主動承擔製作火鍋最後的雜炊粥。還有，每當端出一大盤菜時，他們也馬上乾脆俐落地公平劃分「這邊是這裡4個人吃的，那邊是那裡4個人的」，把菜遞給對方。

4・空巴的七大秘訣

一、全員參加是大原則

(1)全員參加是空巴的大前提

(2)「任何活動如果不是全員參加就沒有意義，現在把你們集合起來，並不是叫你們來玩耍，更重要的是讓你們一起來感受這個氣氛。」——稻盛和夫

(3)「空巴不是玩耍，而是在同一家公司共事的全體成員構築良好人際關係、共同考慮公司發展、考慮大家如何獲得幸福的地方。」——《空巴》

〔如何實現全員參加？〕

(1)經營者意志的體現

領導者必須具備「無論如何要讓全員在一起相互交流」的執著精神。之所以會有人缺席，是因為經營者缺乏這種執著精神。

(2)首次導入空巴必須明確空巴的目的和意義，並後續反覆滲透

(3)在任何空巴上，經營者都應當推心置腹地講述自己的想法，與員工們認認真真地、面對面地討論應該這樣、應該那樣。這樣堅持下去，就能培養出以認真討論為樂的氛圍，只要形成這樣的空巴文化，全員參加自然變得理所應當。

(4)全員參加的貫徹程度，是大吃大喝與稻盛流空巴文化的第一個分水嶺。

二、為空巴設置主題

(1)主題使空巴不會變成單純的喝酒會

(2)主題＋主持人（流程推進）

(3)區分會議與空巴，結合會議與空巴

(4)反覆深挖探討主題

〔主題示例〕

(1)決議大會（動員大會、誓師大會）

(2)慶祝實績

(3)反省

(4)培訓內容的深化討論

(5)理念研討

(6)……

三、確定時間表與座位表

(1)時間表與座位表是空巴效果最大化的竅門

(2)時間表：根據企業實際情況設置，一般總時間在1～3小時

〔示例〕

(1)乾杯：5分鐘

(2)自由暢談：20分鐘

(3)討論：30分鐘

(4)主題發表：3分鐘／人（共15～20人）

(5)總結：8分鐘

〔座位表：提高空巴品質〕

(1)儘量拆散同一部門、平日常在一起的人

(2)戰略性設計：「希望這個人和那個人能加深交流」

四、心存利他，不允許自斟自飲

在空巴中踐行利他之心，就能增強夥伴意識。在空巴中無法照顧別人的人，也無法用利他之心面對工作。

「斟酒的時機要不早不晚，同時還要認真記好對方喜愛的燒酒勾兌比例等……我個人比較喜歡把酒兌得淡一些，但塾長卻喜歡濃一些，必須加雙份酒。我們經常被塾長批評，說不能以自己的喜好為準，而是要瞭解對方的標準。每當我把酒勾兌得恰到好處時，塾長一定會說：『很好喝，謝謝你』，這令人太開心了」。

經營者：與幹部在空巴中率先斟酒，培養員工的利他心。

五、講述自己偉大的夢想

「只有真正的空巴才能讓偉大的夢想潛移默化地滲入員工心中，這是白天的會議和酒會無法企及的。正因為親口宣佈了自己的夢想，整個組織才充滿了實現夢想的能

量。稻盛流空巴在講述夢想時最能令人切身體會其真正價值。」

六、用自己的語言總結

(1)把空巴中學到的、領悟的形成小結或總結。

(2)整理自己的思路，用自己的語言表達。

(3)制定行動計劃。

〔目的〕

(1)把當事人的意識提升到最高限度，獲得成長原動力

(2)發揮個人的自主性

七、每日完善空巴的形態

〔稻盛流空巴永無「完成」形態〕

・不斷進化
・人數
・場地
・時間長短
・形式
・內容
・進程
・……

〔縱橫結合〕

縱：部門、項目組……

橫：同管理層級、同生日

〔空巴形式多樣〕

- 人數
  - 1對1
  - 5~10人小組
  - 20人以上的中型團體
- 場所
  - 公司內部（專用空巴室、會議室、食堂等）
  - 公司外（飯店、酒館）外宿集訓（酒店、培訓中心、旅館）
- 討論形式
  - 全體一起討論
  - 分組討論
- 經營問答式：參加者向經營者提問
- 成員構成
  - 縱向制（部門、阿米巴小組型）
  - 橫向型（同屆同期、管理層級、生日會）

費用
- AA制
- 全額公司報銷
- 分攤、報銷相結合的折中型

・場所——公司內部型
・場所——外部型
・討論——全員討論型
・討論——分桌分組型

※注意！喝酒不開車

三、阿米巴經營

1．阿米巴經營概述

在京瓷公司成立五年後的一九六四年，為了保持公司的發展活力，稻盛和夫獨創的——阿米巴經營方式。

阿米巴經營是指將組織分成若干小的集團，通過與市場直接聯繫的獨立核算制進行運營，培養具有管理意識的領導，讓全體員工參與經營管理，從而實現「全員參與」的經營方式。是京瓷集團自主創造了獨特的經營管理模式。

比如：某陶瓷產品有混和、成型、燒製、精加工四道工序，就將這四道工序分成四個「阿米巴」，每個「阿米巴」都像一個小企業，都有經營者，都有銷售額、成本和利潤。「阿米巴經營」不僅考核每個「阿米巴」的領導人，而且考核到每個「阿米巴」人員每小時產生的附加價值。這樣就可以真正落實「全員經營」的方針，就是發揮企業每一位員工的積極性和潛在的創造力，把企業經營得有聲有色。另外，「阿米巴」可以隨環境變化而「變形」，即具有適應環境的靈活性。

「阿米巴」（Amoeba）在拉丁語中是單個原生體的意思，屬原生動物變形蟲科，蟲體赤裸而柔軟，其身體可以向各個方向伸出偽足，使形體變化不定，故而得名「變形蟲」。變形蟲最大的特性是能夠隨外界環境的變化而變化，不斷地進行自我調整來適應所面臨的生存環境。

京瓷公司就以其「阿米巴式」管理聞名。該公司成立時間短、規模也比較小，但其增長速度和贏利性卻高得多。二〇〇〇年，京瓷公司營收達116億美元，利潤20億美元，淨利潤率高達17%。而日企五強中表現最佳的三菱公司當年營收為373億美元，贏利僅為11億美元，淨利潤率只有3%。

京瓷剛成立時向松下電子提供顯像管零件U型絕緣體。松下電子對供應商的要求是極為苛刻的，不論是哪一家供應商，他們每年都會提出降價要求，雖然京瓷只要求5%的利潤，但仍然滿足不了松下的要求。後來稻盛和夫總結出：要得到訂單，就必須盯住市場價格，不斷地降低成本。只要其他公司原料的價格少2元，就說明公司努

力不足。他提出「要以最低的成本獲得最大利潤，」絕不能說「拿到5%的利潤就可以了。」稻盛和夫要讓京瓷成為一個穫利率極高的公司。為了強化員工的成本意識，京瓷形成了一套「阿米巴經營」的管理方式。

具體的工作方式如下：每個小組獨立計算原料採購費、設備折舊費、消耗費、房租等各項費用，再由營業額和利潤求出「單位時間的附加價值」。在公司內部，小組採購半成品按一般的市場價格支付，向下一小組出售也按市場價格。這樣，每個小組就可以向下一小組的銷售計算出自己的營業額，按照各種費用的累加，計算出成本，求出利潤。阿米巴管理終於使京瓷成為利潤顯赫的大公司。

2．阿米巴經營的誕生

稻盛和夫在《阿米巴經營》中闡述了阿米巴經營——

首先，我簡單地闡述一下京瓷的創業史和經營理念，以便讓大家更好地瞭解阿米巴經營。

我從鹿兒島大學工學部畢業後，有幸進入京都的絕緣子生產廠家松風工業公司工作，在公司裡從事當時屬於新領域的新型陶瓷研究工作，併成功實現了商業化。但是，之後與新上任的研究部長，圍繞新產品的開發問題產生了意見分歧，我意識到在那裡無法實現一個技術人員的夢想，當即決定辭職。

幸運的是，我得到了許多朋友的支持，我和一起從松風工業辭職出來的7位同仁一起創建了京都陶瓷公司（現在的京瓷）。當時我沒有創業資金，是支持我的朋友們為了讓我向世人展示我的技術而出資成立了公司。如果我家境富裕，有本錢成立公司的話，恐怕公司的情況就會大不相同吧。但是，我既沒有資金和經驗，也沒有了不起的技術和設備，有的只是值得信賴的夥伴。正是在這種夥伴關係的基礎上，公司才得以成立。

公司在啟動階段，得到了當時擔任宮木電機公司專務的西枝一江先生的格外關照。西枝先生對我說：「我是認為你有堅定的想法，看準你有前途，才拿出錢來幫你組建公司。今後將開始公司的經營，你可不能成為金錢的俘虜。我把你的

技術看作是你的投資，所以讓你持有公司股票。」就這樣，西枝先生從一開始就用技術投資的方式讓我擁有了公司股份，使我走上了一條持股的經營者的道路。由於公司是在這樣一種溫暖的關懷下起步的，所以值得信賴的夥伴之間的心心相連，就成了京瓷經營的基礎。

當時，我對經營一竅不通，所以一直為「靠什麼開展經營」而苦惱不已。不久，我想到了「人心」這一京瓷創業的基礎，以「人心」為基礎開展經營，不是很重要嗎？人心變化無常，但是一旦人心連接起來的話，將是世上最堅不可摧的，歷史上依靠人心成就偉大事業的例子不勝枚舉。所以我認為在率領一個團隊時，沒有比依靠「人心」更有效的方法了。

阿米巴經營是以人心為基礎的。人體內的數十萬億個細胞在一個統一的意志下相互協調，公司內的數千個阿米巴（小集體組織）只有齊心協力，才能夠使公司成為一個整體。

有時阿米巴之間也會出現競爭。但如果阿米巴之間不能互相尊重、互相幫助，就不可能發揮公司整體的力量。因此，前提條件就是從公司高層到阿米巴成員，必須用信任的紐帶連結起來。

3．經營理念的確立

在公司創建的第二年，招收了11名剛從高中畢業的新職員。他們在工作了一年左右，開始熟悉工作的時候，突然跑到我這裡要求改善待遇，而且還寫了血書，向我提出強硬的要求。

其中包括「要保證將來給予不低於多少的加薪和獎金。」我在招聘時曾對他們說過：「我雖然還不知道公司能發展到什麼程度，但是我想從現在開始拼命工作，把公司打造成一個了不起的公司。你們打算在這樣的公司幹嗎？」儘管如此，他們僅僅工作一年就提出「如果你不保證我們的將來，我們就辭職。」

我斬釘截鐵地回答「不能接受你們的條件。」公司經營才兩年，我自己對經

營還沒有建立起自信，如果為了留住員工而答應「保證將來的待遇」的話，那是在撒謊。我對這些年輕員工說：「為了將來的待遇能比大家要求的更好，我會竭盡全力。」

但是問題沒能在公司裡得到解決，之後談判在我的家裡一直持續到深夜，他們決不妥協。改天我又反覆強調：「我絲毫沒有站在經營者的立場、只顧自己好就行了的想法，我想讓加入這個公司的你們覺得自己的選擇沒有錯。」但是血氣方剛的年輕員工一點也聽不進我的話，他們認為「資本家或是經營者老是用這種堂而皇之的話語來矇騙我們。」

當時，我一直要從有限的工資中拿出一部分寄給遠在家鄉的父母作為生活費。我在7個兄弟姐妹中排行老二，戰後家境非常貧寒，長兄和妹妹們為了讓我上大學而放棄了自己的升學機會。我連自己的家庭都沒能給予充分的照顧，卻要我保障在公司就職的員工們的將來，我覺得這樣做太划不來了。

但是公司已經成立，我的恩人西枝先生甚至抵押了住家房子來支持我辦公司，這時候我已經不能再談放棄了。沒有了退路的我只能對這些年輕員工們做最後一搏。「你們如果有勇氣離開公司，那為什麼沒有勇氣相信我呢？我用我的生命作賭註，為了大家我會去維護好這個公司。如果我是為了自己的私心雜念而經營公司，你們可以砍死我。」

談判一直持續了三天三夜，大家總算信服了，並留在了公司。但自從經歷了這場談判，我不得不重新思考公司存在的意義，即使是這麼小的一個公司，年輕員工也是把自己的一生都託付給了公司。

我心情沉重地苦思冥想了數星期之後，終於明白了：「雖然起初我是為了實現一個技術人員的夢想而創辦了公司，但是一旦公司成立之後，員工們是將自己的一生都託付給公司。所以公司有更重要的目的，那就是保障員工及其家庭的生活，併為其謀幸福，而我必須帶頭為員工謀幸福，這就是我的使命。」所以我把「應在追求全體員工物質與精神兩方面幸福的同時，為人類和社會的進步與發展做出貢獻」定為京瓷的經營理念。

由此京瓷明確了其存在的意義。員工也把京瓷當作「自己的公司」，把自己當作一個經營者而努力工作。從那時開始，我和員工的關係不是經營者與工人的

關係，而是為了同一個目的而不惜任何努力的同志，在全體員工中間萌生出了真正的夥伴意識。

阿米巴經營就是通過小集體的獨立核算，實現全體參與經營，凝聚全體員工力量的經營管理系統。這其中，首先就是要有能使全體員工毫無疑義地全力埋頭工作的經營理念和經營哲學。

4・京瓷集團的阿米巴經營

京瓷公司就是由一個個被稱為「阿米巴小組」的單位構成。與一般的日本公司一樣，京瓷也有事業本部、事業部等部、課、系、班的階層制。但與其他公司不同的是，稻盛和夫還組織了一套以「阿米巴小組」為單位的獨立核算體制。「阿米巴」指的是工廠、車間中形成的最小基層組織，也就是最小的工作單位，一個部門、一條生產線、一個班組甚至到每個員工。每人都從屬於自己的阿米巴小組，每個阿米巴小組平均由十二三人組成，根據工作內容分配的不同，有的小組有50人左右，而有的只有兩三個人。

每個阿米巴都是一個獨立的利潤中心，就像一個中小企業那樣活動，雖然需要經過上司的同意，但是經營計劃、實績管理、勞務管理等所有經營上的事情都由他們自行運作。每個阿米巴都集生產、會計、經營於一體，再加上各個阿米巴小組之間能夠隨意分據與組合，這樣就能讓公司對市場的變化做出迅捷反應。

一九六三年，稻盛和夫和青山正道（當時京瓷本部工廠以及滋賀工廠的廠長）聯合推出了「單位時間核算制度」方案。一九六五年，京瓷公司在正式導入「阿米巴經營」時，「單位時間核算制度」作為衡量經營狀況的重要指標納人了阿米巴經營體系。所謂「單位時間核算制度」是指能體現單位時間裡所產出的附加價值的會計體系（需要解釋的是，此處的附加值並非我們通常意義上的同樣的價格提供更多的服務，而是特指稻盛和夫說的「以更少的資源做出市場上價值更高的東西」）。計算公式為：單位時間附加價值＝銷售額－費用（勞務費以外的原材料費等）／總勞動時間（正常工作時間＋加班時間）（以生產部門為例）。由此可見，在阿米巴經營中，阿

米巴設定的目標不是成本而是生產量和附加值。

阿米巴不僅進行成本管理，還要想方設法把實際成本做到比標準成本更低，以最少費用實現訂單，以最少的費用創造最大的價值，從而實現附加值的最大化。通過這個過程，阿米巴成為一個不斷挑戰的創造性團隊。換句話說，在傳統的成本管理體系中，其主角是產品，是物，焦點在於一個產品每道工序的成本；而在阿米巴經營中，主角是以最少費用換取最大銷售額的絞盡腦汁的「人」組成的團隊，焦點在於阿米巴團隊創造的附加值。

通過單位時間核算制度公式，使各個部門、各小組，甚至某個人的經營業績變得清晰透明。一般來說，大公司的員工很難對自己工作的具體成果有實在的感覺，他們常常只是公司龐大系統中的一個小小的齒輪，很難感知到自己對公司到底有何貢獻。從這點上看，單位時間的附加價值激勵員工的動力。因此，阿米巴經營是一種全員參與型的經營體系，每位員工都要充分掌握自己所屬的阿米巴組織目標，在各自崗位上為達到目標而不懈努力，在當中實現自我。公司會按月公佈各小組每單位時間內的附加價值，各個小組當月的經營狀況、每個組員及小組所創造的利潤、及其占公司總利潤的百分比等等，都一目瞭然。

每個小組的成績當然有高下之分，但公司並不因此在工資、獎金上有差別待遇。對成績好的小組只是做些表揚，頒贈紀念品，京瓷始終堅持只給予他們「對公司有貢獻」的榮譽。對經營業績不佳的阿米巴，公司會嚴格追究責任，但所謂「經營業績不佳」並非單看附加值，也會從附加值來考察經營內容。有時單位時間附加價值較高的阿米巴幹部反倒得到低評價，因為它可能為了自身利益，而不顧其他阿米巴如何，從而被認定為「經營業績」不佳。這樣做是為了避免各個阿米巴之間惡性競爭局面的出現，稻盛和夫在提高公司員工素質方面用力頗多。

一九六八年，體現稻盛和夫「敬天愛人」、「以心經營」思想的「員工手冊」問世。一九九四年，《京瓷哲學手冊》成為員工人手一本的語錄。正是由於稻盛和夫塑造的上述公司文化，京瓷流傳這樣的話就不會讓人感到奇怪：「遵守交貨日期是鎖售人員的責任，接受訂單是生產部門的職責。」

因此，「阿米巴經營」既提高了員工的成本意識和經營頭腦，又提高了員工的職業倫理和個人素質。這兩方面相輔相成促成了「阿米巴經營」這種管理方式在京瓷的

成功。京瓷成功地把「阿米巴」架構上的、以聯結決算為基礎的縱向管理網和間接部門間橫向管理網結合起來，從而得以從兩方面對經營業績進行全域把握。所以，「阿米巴經營」被譽為京瓷經營成功的兩大支柱之一。

5．阿米巴經營的優勢

「阿米巴經營」能夠提高員工參與經營的積極性，增強員工的動力，而這些正是京瓷集團之優勢的根源。另外，「阿米巴經營」的小集體是一種使效率得到徹底檢驗的系統。同時，由於責任明確，能夠確保各個細節的透明度。

- 這種管理方式可以在公司直接對比生產活動與產值，通過數字把握內部日常生產狀況，原材料、人工、機械的市場價格和利潤率的變化。
- 各個小組所創造的利潤及占公司利潤百分比的情況一目瞭然。
- 使員工對自己的工作成果有實實在在的瞭解，從而激勵員工更加努力的工作。
- 可以通過準確的數據對每個組員進行評估，通過評估數據使優質人力資源流動到合適的崗位上，從而各個崗位上的人員配置達到最佳。

6．阿米巴經營的目的

一、確立各個與市場有直接聯繫的部門的核算制度。公司經營的原理和原則是「追求銷售額最大化和經費最小化」。為了在全公司實踐這一原則，就要把組織劃分成小的單元，採取能夠及時應對市場變化的部門核算管理。

二、培養具有經營意識的人才。經營權下放之後，各個小單元的領導會樹立起「自己也是一名經營者」的意識，進而萌生出作為經營者的責任感，儘可能地努力提升業績。這樣一來，大家就會從作為員工的「被動」立場轉變為作為領導的「主動」立場。這種立場的轉變正是樹立經營者意識的開端，於是這些領導中開始不斷湧現出與稻盛和夫一同承擔經營責任的經營夥伴。

三、實現全員參與的經營。如果每一個員工都能在各自的工作崗位為自己的阿米巴甚至為公司整體做出貢獻，如果阿米巴領導及其成員自己制定目標併為實現這一目

標而感到工作的意義，那麼全體員工就能夠在工作中找到樂趣和價值，並努力工作。我們要激勵全體員工為了公司的發展而齊心協力地參與經營，在工作中感受人生的意義和成功的喜悅，實現「全員參與的經營」。

總而言之，阿米巴經營最根本的目的是培養人才，培養與企業家理念一致的經營人才。

7．阿米巴經營的前提條件

實施「阿米巴經營」有兩個前提條件。

第一是，企業經營者的人格魅力。經營者必須具備「追求全體員工物質和精神兩方面幸福、併為社會做貢獻」的明確信念。領導人的公平無私是調動員工積極性的最大動力，也是實施「阿米巴經營」的首要前提條件。

第二是，「哲學共有」。稻盛哲學裡有「以心為本的經營」、「夥伴式經營」、「玻璃般透明的經營」以及「動機至善、私心了無」等內容。各個「阿米巴」之間，每一個「阿米巴」內部的每一位成員，在為自己和自己的「阿米巴」的業績考慮時，如果缺乏為別人、為別的「阿米巴」以及為企業整體著想的「利他之心」，「阿米巴經營」將難以推行。

換句話說，在實施「阿米巴經營」的管理手法時，需要協調利己和利他、協調部門利益和整體利益的辯證法，需要「作為人，何謂正確」這種高層次的哲學。

8．阿米巴經營的管理步驟

在公司的經營中，曾採取過「項目責任制」，類似於阿米巴式管理，雖取得了一定的成果，但沒有日本京瓷公司「阿米巴」小組的規範、全面、展開，以及效益實現的最大化。實現「阿米巴」式管理除員工思想、管理模式、服務方法外，主要採取以下五個步驟：

一、應合約而生。商務合約一旦簽訂，公司管理部門就要立即行動起來：①是根據合約金額進行資金分配，留足利潤數，下達材料、採購、工費等資金額度。②是根

據合約的製造主要內容，進行項目招標，小項目可根據實際直接委派、制定小組負責人。③是根據資金、進度、質量等要求，與小組負責人簽訂責、權、利全面的協議。④是協助小組負責人選好、用好組員。

二、從實際出發。「阿米巴」小組不能是花架子，一定要從實際出發。①要小，組織要小，一個人領導，人員夠用就行；②要簡，結構從簡，要一人兼數職，凡事有人管就行；③要實，工作務實，責任落實；④要合，組內人員要合作，出現問題及時調整，減少非生產因素。

三、要全程監控。首先成本要全程監控；其次質量要全程監控；再次進度要全程監控；最後服務要全程監控。全程監控要有專人按時間、工序對成本、質量、進度、服務負責實施，出現問題及時協調，果斷處理。

四、保效益最大。①是充分調動「阿米巴」小組的每一個組員的積極性，創造讓他們積極、主動、努力、開拓性地工作的環境氛圍；②是儘可能地降低成本，把成本指標和小組成員的收入緊密的掛起鉤來，加大獎勵力度，如把成本減低到指標線以下時，節約部分和小組五五分成，加大獎勵力度，鼓勵降低成本。③是百分百的保證產品質量，樹立「車刀如手術刀，出現錯誤、損失巨大」、100－1＝0的現代觀念。④是牢固樹立「領導就是服務」的管理理念，領導在加強監控的同時，全心全意地做好協調和服務。

五、隨完成項目而解散。合約結束，小組即解散。要注意總結表彰「阿米巴」小組的工作情況，特別是要及時兌現「阿米巴」小組成員的收入獎勵，保護員工的工作熱情和積極性，為下一個合約攻堅戰的勝利完成打下良好的基礎。

9．阿米巴式管理實施過程中的要點

一、每個「阿米巴」小組成員的工資不與附加利潤掛鉤，獎金部分與附加利潤掛鉤，對表現好的小組的獎勵以榮譽為主。

二、小組劃分要明確、合理，小組負責人權責要分明。

三、各項評估指標要以附加價值為中心，各小組目標要量化。根據完成目標情況評價小組負責人和小組成員的表現，並用數據體現出來。

四、有一套合理、公正、客觀並相對固定的人員流動制度，根據評價數據和制度進行人員流動。

五、各項指標同時作為公司人員雇用、設備購置、戰略部署的重要依據。

六、每個利潤部門都要劃分成一至多個「阿米巴」小組，如果一個部門有兩個小組，那麼這兩個小組必須在業務上不存在競爭。

10．阿米巴經營如何實施

1．投標機構（經營部）的設置

(1)施工企業可根據自身情況設立一至多個投標「阿米巴」小組，若設置兩個以上的小組則必須根據對等原則按地區進行劃分，使兩個小組能夠在業務上無矛盾的情況下，在同一基礎上開展良性競爭。

(2)每個小組有獨立的辦公場所和人員，每個小組設置一名負責人員，財務管理部將每個小組視為一個經濟體統計其支出和收入（內部支出按照內部統一價格計算，例如：支出為利用公司自有設備進行列印，打字費X元／張，複印費X元／張，收入為中標工程的中標價減去成本造價上剩若干個點後的差值），計算其附加利潤。

(3)因為投標活動可能自身並不能產生太多附加價值，有可能出現附加價值為負的情況，但是他為工程承包產生附加利潤打下了基礎，因此投標組的附加利潤很可能是個負數，所以施工企業最好能成立兩個以上的投標組，以對比其運作和內部管理情況，以此來確定投標組的人員流動狀況及獎金發放情況。

2．機械管理改革

(1)企業按照現有規模，將自有機械分成一至多個「阿米巴」。小組進行管理，如果難以處理好各組在業務上存在的競爭關係，最好劃分或一個小組。

(2)企業任命機械管理小組負責人之後，按照該小組的支出和收入，計算其附加價值，收入為機械設備的租憑費用。

(3)機械管理小組可將公司自有機械出租給公司工程承包組使用，也可出租給外單位使用（公司每年出臺一個機械租賃標準價，若出租給內部小組使用，其租用價格必須低於標準價下調若干個百分點：若出租給外部單位使用，租賃價格不得低於標準價格下調若干個百分點。具體價格由機械小組負責人確定），相賃費用作為小組收入，支出為機械的日常修理費、保養費、人員工資、機械折舊、場地租借費、日常辦公費用等。

(4)機械租借組是一個比較容易產生附加價值的小組，又無其它小組的數據與其對照，所以公司必須對其附加利潤提出月度、季度、年度指標，每項指標都必須根據機械總價值、相鄰時間段的收入情況、機械租借市場總體情況定出。根據目標完成情況確定小組成員的工作成績和獎金的發放以及人員流動。

3．工程項目管理改革

一、工程項目管理現狀

對於工程項目管理，現在大多數公司採用工程項目經濟承包責任制，這種制度是從以前的項目負責人管理制中衍生出來的一種制度，它的主要操作模式是：項目得標後，項目管理人與公司簽定承包合約。確定雙方權責後，工程承包人上繳一定的數量的押金，全權負責工程建設，工程建設完成後，上繳合約中歸定的利潤，這種制度從某些方面彌補了項目負責人制中存在的權責不明、項目負責人權力大但責任小、管理漏洞大、各種管理費用高、利潤難以達到最大化等缺陷，但是這種制度仍有很大缺陷。首先，必須在經濟上具有一定實力的員工才有機會，進行工程承攬，這就限制了公司裡有能力、有上進心但自身財產有限的人才的發展，同時也不利於年輕管理人才的培養。其次，由於個人實力有限，當工程出現突發事件時，個人承擔責任和損失時，虧損會轉嫁成公司的負擔。再次，當工程建設方資金不到位時，個人資金便難以周轉，這時便會造成一系列的成本增加，例如：原材料成本增加，工人做事懈怠造成

人工成本增加，工程進度減慢管理成本增加，機械成本增加。最後，當工程承包人無法完成，這時不但所有的損失必須全部由總公司承擔，而且工程管理人與公司間就剩餘工程完成問題，尤其是在損失承擔比例上會出現很多矛盾，但為了信譽，公司無疑是不利的一方。

二、「阿米巴」式項目管理的組織

第一，施工人員組織。當一個公司成為某個公路項目的得標單位時，公司內部可根據各項且經理在以往在項目中的工作表現（以人力資源部公佈的每個項目的評估數據為依據確定），根據固定的制度確定項目施工負責人，確定後由項目負責人根據公司現有人員組成項目部。

第二，施工項目財務組織。工程中標後，由公司工程管理部組織工程的投標人員和工程的項目負責人對施工現場和當地情況進行考查，並確定工程項目各分項工程的成本單價、工程總成本價、人工費實際單價、材料實際單價，那麼投標部附加利潤＝投標價－（成本造價＋工程合理利潤）。工地財務人員由總公司財務科直接派駐，每月輪換N次，其工資和獎金由公司直接發放。工地每一筆支出都根據項目經理簽字由駐地財務人員發放，原則上不能超過考查的材料單價和人工費單價，每月臨近月末時，進行月結算，駐地財務人員，計算出已完成工程量和已產生利潤以及各項財務指標報公司財務科，至每月一號與下一任財務主管進行移交。公司財務科須通過項目承包合約、材料購買合約以及之前定出的成本單價重新審核項目財務月報表，記錄其中存在問題並存檔，若該月實際支出超出了按工程量完成進度算出的預計成本價，財務科須將該情況書面呈交公司總經理，由總經理根據實際情況定出處理方案。項目建設所用經費由公司財務按進度按月撥付，其撥付額一般以分項工程單位元成本價，項目總成本價，施工組織以及工程實際進度為基礎。

第三，材料、人工、機械等生產要素管理。材料、人工、機械由項目部採購和租憑，若材料、人工單價高於成本估算時的材料、必須由公司工程管理部批准，機械相憑價格若得高於公司內部機械價格＋機械來回運費，必須由公司工程管理部門批准。並且在同等條件下，儘量相用公司閑置機械。

第四，人員工資發放。項目部人員工資數額，按照各人工齡及所屬技術等級、所

屬種類由人力資源部統一制定，並按月如數發放，無須項目負責人批准，人員獎金數額，由人力資源部制定上限，工程完工後，根據工程附加利潤情況，公司只確定總額，具體分配由項目經理分配，項目負責人獎金由公司財務部按項目產生的附加利潤確定。

第五，工程評定。工程完工後，根據工程的各項數據對項目負責人，以及參加項目的公司內部人員的表現進行評定，評定由人力資源部和公司財務管理部協同作出，評定確定後立即公佈評定過程及結果，對項目經理的評定主要以工程的附加利潤的數額與附加利潤（附加利潤＝工程成本價＋合理利潤－工程實際造價）和總造價的比例為基礎，項目部成員的評定除與上述兩項數據相關外，項目經理的評價也作為重要數據之一納入評定，最後每人在項目中的評定結果都以分數形式來體現。評定結果儘量做到客觀、公開、公正，並作為技術和管理人員晉升和降級的依據。

4．辦公室事務進行「阿米巴」式管理改革的方案

一、車輛管理改革方案可將所有車輛司機併為一個阿米巴小組管理，確定小組負責人，並以市場計程車價格為基礎，確定公司車輛每公里行駛的價格，當其它阿米巴小組和公司各部分用車時根據公里數付給車隊小組報酬，作為車隊小組的收入，車輛折舊費、停車費、修理費、保養費、人力工資作為車隊支出，計算附加價值，財務室每月公佈一次車隊附加利潤，以及用車明細情況。車隊主管和司機的獎金根據附加利潤的多少來制定。

二、打字室管理改革方案可將打字人員視為一個「阿米巴」小組，各科室和各小組按市場價格付給打字室列印費用，作為打字室收入，打字室的紙張、耗材、房租、機器折舊等作為支出計算附加價值，作為打字室組的支出，計算附加價值，每月打字室計算一次附加價值，併在公司內部公佈。

三、其它辦公室事務管理可參照上述兩項有選擇性的進行改革。

5．公司管理層的改革

一、人力資源部人力資源部可在公司改革前的人事科的基礎上建立，主要任務為：①確定工資發放標準，各變形蟲小組獎金的上限以及獎金發放標準。②對在工地工作的項目經理、管理人員、技術人員，根據財務科公佈的附加利潤產生情況，主持每個工程的評定打分，並建立存檔，併在評定完成後，公開評定情況。③技術人員和管理人員進行分開管理，並分成若干個層級，根據每人在每個項目上的得分以及工作時間長度確定其所屬層級，建立統一標準，每年進行一次評定，並公開每個員工所屬層級。④制定項目經理的輪值、輪調及升降的制度。⑤制定管理人員和技術人員的升級和淘汰制度。⑥制定公司人員聘用制度，及人員解雇制度，每個年度必須引進和解聘一部份人員，因為保持人員的流動性，是「阿米巴」式管理的基石。

「阿米巴」管理方式是一種人才資源向最優位置自然流動的，競賽式的管理方式，人力資源管理部門是這場競賽中的裁判員，所有舉動都必須客觀、公平、公開。

過去には感謝を
現在には信頼を
未来には希望を

二、財務管理部財務管理部可在公司原財務科的基礎上建立，其主要任務為：①統計各「阿米巴」管理小組的支出收入明細和附加利潤情況，形成固定格式的月報和年報並及時公開和存檔。②對建設項目採取每月輪換會計人員制，及時確定項目每月的駐地財務管理人員，審核並及時公佈每個建設項目「阿米巴」小組的財務月報。如有超過計算成本造價的情況須及時彙報。③追討工程項目欠款，合理地將工程項目部的未收帳目計入附加利潤計算。④駐地財務人員負責所有在建項目的計量支付（計量支付資料由項目管理者做好後，由駐地財務人員向項目業主申請支付），若項目業主支付金額小於已完工的工程量的成本價應及時上報公司安排資金進行支援，確保工程有充足的資金進行建設。

三、工程管理部工程管理部可在原公司工程科的基礎上建立，部門負責人為公司總工，其主要任務為：解決工程上出現的技術難題。收集本公司及外公司出現的新施工工藝和施工經驗，併進行存檔。組織閒置技術人員和管理人員進行學習，推廣新技術和經濟的施工方法。工程中標後，與投標小組和項目管理組一起到現場進行勘查討論並確定項目成本價格，各項預計材料單價，以及各分項工程成本單價。核實工程實

際材料、人工、機械單價超出預計單價的情況，批准或否決單價變更。組織對新聘用的技術和管理人員的考試和面試。

6．公司管理層的改革

(1)公司領導層以總量經濟管理為主，根據各小組的附加利潤的產生對各小組進行適當控制而不干涉各小組內部工作。

(2)及時檢查公司管理部門的工作，及各「阿米巴」管理小組的生產情況和附加利潤產生情況。協調各部門和各「阿米巴」小組之間的關係，防止不正當競爭。

(3)制定並及時修改公司的長期（5年以上），中期（1年～2年），短期（1～6個月）的戰略計劃及戰略目標，從而決定公司整體發展方向及投資方向。

(4)制定固定的重大事務商議制定和決策制度，建立並不斷完善公司章程。

(5)決定公司重大固定資產的購置。

(6)監督人員流動制度，人才引進與人員淘汰制度的執行情況。

(7)協助財務部門催收應收的帳款，協調公司與外單位間的關係，代表公司出席各種活動和會議。

(8)對不服從組長管理的各「阿米巴」小組的組員進行處罰，在緊急情況下進行人事調動（例如，小組附加價值急劇下降）。

11．阿米巴經營的管理啟示

阿米巴給管理的啟示是：

・組織沒有固定的形態，要靈活地隨著情況的變化而變化；

・還要試著向任何方向變化，不要讓固定思想阻礙自己的思維，不要排除任何一種成功的可能；

・每一個工作組都是整體，要給予他們自主權，才能調動工作組的積極性；

・即便工作組很小，人數很少，也要像一個完整的團隊那樣保持自己的戰鬥力。

現在阿米巴式管理多運用於企業的成本管理中，它強化了成本管理，給企業以深

刻的啟迪。以市場為導向的成本管理理念正是我們大多數企業所缺乏的，由於機制的滯後，員工在企業中一般只管幹，不管算，成本控制成了企業決策層和管理層的事。沒有員工身體力行的參與，再嚴格的管理和控制制度也難以有效降低成本。企業管理往往僅追求數量，忽視了成本和價值，以致產品在市場上的同類產品中價格偏高，缺乏競爭力。

阿米巴式管理通過落實員工的主人翁地位，讓員工在企業的每個崗位當家理財，輔以合理的績效掛鉤機制，使員工真正成為責權利相統一的企業主人。由於把市場引進了生產經營的現場，企業的經營行為、組織行為以及個人行為都按市場法規運作，成本成為企業行為關註的中心和機制轉換效果的標尺。企業上下都根據各自的職責分工，按照成本預測和成本決策所確定的成本目標，對人力、物力、財力等的本經營活動中的各種耗費進行控制和監督，及時糾偏補弊，使各項生產經營耗費被嚴格控制在目標所規定的範圍之內，確保了成本目標的實現。

12．阿米巴經營的應用

所謂「阿米巴經營方式」，簡言之，是以不固定的組織單位為作業中心（責任中心），並作為一個獨立「核算」單位，進行業績考評的方法。其實質是作業系統的成本控制，即將作業成本會計與責任成本核算體系相結合，建立業績考評體系，對產品成本形成進行全面控制。近年來各國企業對成本控制的研究十分廣泛，理論上比較豐富。本文擬結合京瓷公司內部「阿米巴經營方式」的實際，闡述作業成本控制的內涵、作用及其現實意義。

1．作業成本控制的內涵

作業會計（Activity-Based Accounting），最早提出的時間是20世紀30～40年代。最初作業成本會計是作為一種正確分配製造造用、準確計算產品成本的方法提出來的，其理論核心是企業各種作業消耗企業資源，而企業產品則消耗各種作業。作業成

本核算系統（Activity-Based Costing System）簡稱ABC系統，是成本管理會計的熱門話題之一，是管理會計針對傳統成本核算系統中產品成本被扭曲，以至於導致錯誤的管理和決策而做出的相應反應。

二十世紀80年代中後期以來，隨著作業成本計演算法在先進企業的成功應用，ABC開發的結果逐漸偏離瞭解決成本扭曲的本意，人們發現ABC給企業成本管理提供了很好的基礎。於是，利用ABC提供的成本資訊進行成本控制、預算管理、生產管理等的作業成本管理理論及實務紛紛湧現。以作業為中心進行核算、控制。分析和管理，是作業成本控制的基本特徵。具體涉及以下幾個方面的內容：

一、建立作業中心

首先，應該認識和瞭解企業實際存在的各種本來意義上的作業。這些作業的確定需要全面瞭解企業生產經營佈局和程式、分析企業的有關流程圖等。具體作業的劃分根據企業的規模和條件可粗可細，比如小型企業可將整個購進過程作為一項作業，而大型企業則可進一步將其區分為請購申請、評估報價、簽訂合約等多項作業。作業劃分越細，越有利於成本管理，核算結果越準確，但核算過程也越複雜。

在確認了企業的作業後，要進一步分析成本動因，進而組成一系列作業中心。所謂成本動因又稱作業成本驅動因素，是指決定成本發生的哪些作業，可作為分配成本的標準。作業中心是成本彙集和分配的基本單位，它可由一項作業或一組作業所組成。其組成應根據重要它原則和相關性原則。

在京瓷公司的實踐中，「阿米巴」就是生產調程中的一個作業中心，它是工廠、車間中形成的最小基層組織，也就是最小的生產單位，相當於一個生產小組。比如說某個車間的一道工序，至少需要10個人來幹，就由這10個人組成一個小組，這就形成了一個阿米巴。

阿米巴有幾個原則，一個是相對於一個工作量，以最少的必要人數來組成；再一個就是單純化，把一個工程儘量分成一個個最單純的工序，然後針對於每一個工序，形成一個阿米巴。而最重要的一點，就是其大小、組合可以隨時地變化。比如說一道工序的工作量今天增多了，阿米巴的人數就隨之而增加，到明天工作量減少了，阿米巴也隨之縮小。而如果產品的種類、工序發生了變化，阿米巴就隨之而重新去排列組

合。也就是說，隨時根據生產的需要，伸縮自在，變化自如。所以這種生產小組，就叫做「阿米巴」。

在京瓷，基層單位中沒有固定的組織，只有一個個隨時變化的阿米巴。當然也就沒有班長、組長一類的固定職位。每個阿米巴的負責人，就由對這個阿米巴所承擔的工作最為熟練，最有技術的職工來擔任。而阿米巴的組合變了，負責人也就換了。

京瓷公司「阿米巴」組織的建立要點有：第一，作為能夠獨立核算的單位，該部門應該理清收入和經費；第二，作為獨立事業應有足夠的完整性；第三，必須是能夠貫徹執行公司目標的最小單位。這樣一種阿米巴既有效率，又好管理。其大小隨著工作量不斷變化，就避免了工作量減少時容易發生的人員浪費。而每一個阿米巴的規模儘量縮小，又是承擔最為單純化的工作，所以負責人也便於管理，而生產中的各種漏洞、問題，也就可以隨時地發現、糾正。

二、作業中心作為責任中心，建立責任成本核算體系

規劃好作業中心之後，便可以作業中心為基礎進行各項成本的彙集。建立ABC

系統的程式一般是先根據成本驅動因素建立作業中心，然後，將成本費用分類彙集於不同的作業中心，在將各作業中心彙集起來的費用分配到成本中心的各種產品上去。

利用上述作業成本計算方法並將其應用於成本控制，還必須建立以作業為中心的責任成本核算體系。在作業成本核算體系中，彙集各類不同水準作業的作業中心便可作為責任成本中心。這樣，就把成本責任與應完成某種作業的作業中心相結合，並與服務、管理等部門緊密結合，有效地根據各部門的責任作業控制成本和進行分析與考核。在實踐中，還經常可以設置內部銀行制度，各作業中心（責任中心）之間以內部轉移價格轉移產品，核算各中心「利潤」。

阿米巴經營方式的最大特色和妙處，就在於將作業系統與責任成本核算體系相結合，以作業中心——阿米巴作為責任中心。每一個阿米巴，是一個獨立「核算」單位。也就是說，以阿米巴為單位進行獨立的「成本」和「利潤」核算。

作為一個獨立「核算」單位，阿米巴並不是簡單地從上一個工序接手多少半成品，而是按單價（即內部轉移價格）來計算作為這個阿米巴成本的一部分。然後，再加上這個阿米巴在完成本工序的加工任務中所需耗費的材料、能源、人工等費用，就

成為這個阿米巴的「總成本」。於是，在它把自己所完成的半成品交給下一個工序的時候，也就不是單純的「轉交」，而是「賣」給對方，按照內部轉移價格計算，形成阿米巴的「產品銷售額」。而從其產品銷售額中減去其總成本，就形成了這個阿米巴的「利潤」。

三、建立業績考評體系

為進行經濟責任完成情況的考核，應建立業績考評體系。傳統的考核計量指標均以貨幣形式出現，是很不完善的。在新體系中，考核計量指標要結合企業管理需要引入多種非貨幣形式的考核指標，以便與作業成本控制的推行有機配合。

在京瓷公司的實踐中，看一個阿米巴成績的標準，不是看它「完成了多少生產任務」，而是可以直接著它「賺」了多少錢，獲取了多少利潤。每天只要整個工序在運轉，這種阿米巴之間的「買」、「賣」不斷在進行，每個阿米巴的成本和利潤就一目瞭然。每個阿米巴的成績，最終就落實到每一個人每小時創造的利潤，也就是「用每人每小時的附加價值」來加以衡量。這樣一來，每一個阿米巴中的每一個成員，就不是單單在規定時間內完成生產任務就了事，而必須每日每時都得考慮怎樣去降低成本、增加利潤，怎樣提高每人每小時的產值。於是，在阿米巴中，為了壓低成本，一支鉛筆一個螺絲釘都要成為節約的對象。為了節省時間，提高效率，許多人工作時連廁所都儘量少上，走起路來都是一溜小跑。成本意識、經濟利益的意識，就這樣滲透到了公司的每一個基層單位，滲透到了每一個職工心中。

也就是說，阿米巴經營方式在很大程度上是公司內部各個生產小組之間進行的一種「勞動競賽」。

這種競賽帶來了一種榮譽。每一個阿米巴的「利潤額」，也就是每人每小時所創造的附加價值的多少，都要換算成一定的點數，每個月在公司內公佈出來，看看誰的點數高，誰為公司做出的貢獻大。

2．實施作業成本控制的作用

京瓷公司通過阿米巴經營方式，使每一個職工在其工作中，都能隨時而又的的確

確地感受到自己的每一份勞動所創造的價值，所做的貢獻，同時也使成本意識深入人心。可見實施作業成本控制，對於成本管理和控制有非常重要的作用。

一、有利於成本計算的精確化和科學化

眾所周知，作業成本法被提出的初衷是以成本驅動因素理論為基礎，將間接費用分類彙集於各個作業中心，以計算出更合理的產品成本。這種方法從一開始就具有公認的精確性和科學性的性質。

二、有利於分清各作業中心的責任

通過劃分作業中心，分類彙集各種成本費用，各作業中心的成績可以一目瞭然。企業內部可以通過計算各作業中心的利潤或建立預算計劃體系，來對各作業中心的成績進行考評，明確分清各作業中心的責任。

三、有利於加強成本控制

以作業中心為責任中心，建立一整套完整的記錄、計算、累積有關責任成本的核算，充分體現了成本控制的要求。同時也將成本意識貫徹於每一個職員的工作中，使節約成本、杜絕浪費化為每一個職員自覺的行動。

四、有利於企業總目標的實現

作業管理是企業戰略管理的一個組成部分，責任成本制度與作業管理的結合，形成了企業管理制度的一個重要成分，在企業管理中，它是最全面、最系統而且綜合性最完善的管理手段。在這種制度下，各個責任（作業）層次的經營目標是整個企業經營目標的體現。因此，在各個基層組織不斷取得最佳經營成果的同時，推進了企業總體目標的實現。

五、有利於把企業全面經濟核算引向深入

在各個責任中心（作業中心）之間發生的產品或勞務的轉移時，要依據企業內部制定的內部轉移價格。它不僅可以衡量各部門經濟責任的完成情況，而且，像市場上的物價直接影響人們的消費行為一樣，內部轉移價格的高低，會對各部門的工作態度產生重大影響，因此，可以利用這一價格槓桿，來調節企業的生產活動，提高勞動效率。經濟核算的目的也是為了加強管理，提高各級負責人的責任心，以提高整個企業的盈利水平和經濟效益。

六、有利於打破集權型的經濟管理體制

實行作業成本控制，建立各基層作業中心的目的之一是下放一把抓的管理許可權，使企業各層機構能有權處理自己的事務，併在企業總目標得到保證的基礎上，完成各自的目標。這種分權管理、民主管理是歷史的必然趨勢，也可以培養更多能為企業經營者分憂的管理人員。

四、創辦「京都獎」的始末

一九八一年（昭和五十六年）稲盛接到將被授予「伴紀念獎」的通知。這是東京理科大學的伴五紀教授（日本專利王，擁有二千四百多項專利。一九一六～二〇〇三）設立的一個獎項，目的是表彰在技術開發方面做出貢獻的人士。獲獎當天，稲盛喜滋滋地領取了這一獎項，但又為自己感到羞愧。

京瓷股票上市後，出乎意料，稲盛擁有相當的資產。從那之後，他就開始思考，他認為這些財富並不歸我自己所有，而是社會委托他保管的。伴五紀教授用自己的專利費收入設立了獎項，而他作為企業家，不應該是獎項的領受者，而應該成為授予者。「為社會為世人盡力」是稲盛的人生觀，從這一點出發，稲盛意識到，現在是他應該回報社會的時候了。

那時，稲盛與關係親密的京都大學矢野教授談起伴紀念獎一事。與矢野先生初識，是在「天城會議」上，那是時任日本IBM社長的椎名武雄先生在伊豆天城組織的

論壇。三四十名學者、經濟界人士、作家等，齊聚在IBM的天城研修所，並在此住宿，就某個特定的主題展開討論。因為目的是徹底的自由討論，所以不做會議記錄，當然也不對外發佈。每年都確定一個議題。不知道從哪屆起，椎名先生開始邀請稻盛參會。這個會議給了稻盛許多啟示。而會議中最活躍的意見領袖便是矢野先生，加上都是來自京都，兩人很快就意氣投合，此後還常常會面。後來矢野提議：「在京都也有一個自由討論的平臺就好了。稻盛先生，經濟界人士能否給予支持呢？」稻盛以為是，欣然應允。矢野先生邀請京都大學的學者，稻盛挑選經濟界人士，定期舉辦「京都會議」，讓各家智慧互相碰撞，促進彼此的思想交流。

會議議長由哲學家田中美知太郎擔任，成員有藤澤令夫、岡本道雄、福井謙一、廣中平祐、伊谷純一郎、佐藤文隆、河合隼雄等，每三個月左右在祇園的茶屋聚會一次。大家跳出各自的專業領域，尋求人類必需的新哲學、新睿智，展開熱烈討論……

因為這些活動，矢野先生成了稻盛的知己。聽說他想設立表彰事業，矢野說：「那好啊。但既然要辦，就要辦成像諾貝爾獎一樣的世界性獎項。」另外，稻盛又與京瓷的森山信吾副社長商量：「為了回報社會，稻盛想設立財團，設置一個世界性的獎項，但他才50歲出頭，是不是太早啊？」森山鼓勵我說：「善事不宜遲，建立財團的事就交給我辦吧。」

就這樣，一九八四年稻盛成立了財團法人稻盛財團，決定創設「京都獎」。

創設「京都獎」有兩個理由：

其一、是前文提到的稻盛的人生觀：「為世人、為社會做貢獻是人最高貴的行為。」遵循這一人生觀，稻盛希望回報一直培育我成長的人類和世界。

其二、對於那些默默無聞、辛勤耕耘的研究人員來說，能讓他們由衷喜悅的獎項實在太少了。許多優秀的研究人員傾其一生，不為人知，沉浸在樸實無華的研究中。稻盛希望通過對這些人的表彰，更加激發他們的研究熱情。

有資格獲得「京都獎」的心，必須為人謙遜，付出成倍於常人的努力，精於一業達至極致，有自知之明，因而對偉大事物懷抱虔敬之心。此外，必須是對世界文明、對科學、對精神的深化做出過大貢備獻的人。

稻盛邀請瀨島龍三先生（伊藤忠商事特別顧問）當財團的會長。作為財團的基金，也捐出了自己在京瓷所持的股份及現金約二百億日元（之後又追加，現在財團財

產大約六百四十億日元）。

獎項分為尖端技術、基礎科學、精神科學・表現藝術（現在稱為思想・藝術）三大類。獎金和諾貝爾獎相近，每個類別四千五百萬日元（後來又提高為五千萬日元，二〇一八年再提高為一億日元）。稻盛認為，只有科學技術和精神文明兩者平衡發展，人類才有未來。但是，相比於科學的快速發展，精神方面的研究大為滯後。事物必有陰陽、明暗、正負兩個世界。只要把兩方面的平衡搞明白，只要兩方面平衡發展，就能夠帶來整體的穩定。

自一九八五年首次頒獎以來，每年都舉辦。第一屆尖端技術獎頒給了佛羅里達大學教授、系統論的創始人魯道夫・卡爾曼，基礎科學獎得主是麻省理工學院教授、資訊理論的創始人克勞德・香農，精神科學・表現藝術獎由現代音樂巨匠、法國作曲家奧利維埃・梅西昂獲得。這樣的評審結果，促使「京都獎」被公認為世界性的獎項。

此外，京都獎還向諾貝爾基金會頒發了特別獎。諾貝爾基金會通過頒獎活動，對20世紀科學和文化的進步做出了重大貢獻，所以稻盛和夫建議要讚揚其功績。諾貝爾基金會的相關人士非常高興，瑞典王國西爾維婭王妃陛下、斯耐・貝爾依斯特羅姆理事長、史蒂夫．拉美爾專務理事以及諾貝爾獎六大獎項的評委會主席都出席了京都獎頒獎典禮。據說，諾貝爾獎的評委們同時出席國外活動，尚屬首次。

於是，典禮定在每年的11月10日，在國立京都國際會館舉行，三笠宮崇仁親王殿下攜王妃殿下（後為高圓宮殿下攜王妃殿下）親臨頒獎現場。

頒獎儀式獲得的評價是：莊嚴而華美。通過幻燈片和解說詞介紹獲獎者簡歷，諾貝爾基金會的各位對這種方式大加讚賞。京都市交響樂團演奏慶典序曲、慶賀能樂的表演、兒童合唱團的獲獎讚歌，這些助興節目精彩紛紜，令在場嘉賓賞心悅目。諾貝爾基金會的客人們表示，他們從典禮中獲得了許多啟示。在晚餐會上，還請來代表京都特色的藝伎做了拍木表演。

評審委員會由福井謙一、岡本道雄、井村裕夫、廣中平祐、西塚泰美、藤澤令夫、高階秀爾先生等50餘人組成。候選人由國內外有識之士推薦，經過各獎項專門委員會、評審委員會、京都獎委員會三個評審階段，對候選人的論文、業績進行嚴格公正的審查。也有人質疑，既然是國際性的獎項，評審委員都是日本人是否妥當。這就要求日本評審方具備更高的國際化眼光。「沒有比這項工作更需要才智和挑戰精神

了。」聽到一位審查委員如此感慨，稻盛感到自己的願望正在慢慢變成現實。

第一屆頒獎典禮結束後的翌年，稻盛出差時，偶然看到《東京新聞》上的一篇專欄文章，題為《京都獎》，作者是森繁久彌先生（日本喜劇演員，一九一三～二〇〇九）。裡面有這樣一句話：「這樣花錢才叫人神清氣爽！」於是，稻盛就從下次典禮開始，給他送去請柬，雖然稻盛與森繁素不相識，但他每次都專程趕來參加，令稻盛感激不盡。後來，西鄉輝彥、栗原小卷等許多演藝界人士也都應邀出席。

到目前為止，京都獎獲獎者已超過50名，這些得獎者給稻盛留下了深刻的印象。電影導演安傑依·瓦伊達用這項獎金在其祖國波蘭建立了日本美術中心。美國的生物學者丹尼爾·詹森把獎金全額捐給了熱帶雨林的保護基金。美國的海洋學者瓦爾特·蒙克把獎金全部捐贈給了加利福尼亞大學斯克利普斯海洋研究所，並設立了「京都蒙克基金」。

前些年，稻盛有機會到瓦爾特·蒙克家做客，對方說他年輕時研究經費非常拮据，所以希望讓年輕的科學家和學生能用上這些錢。捐出這些研究經費時，瓦爾特對現任的研究所所長這麼說：「希望這筆錢用來鼓勵那些無人敢想、常人認為無法實現的嶄新創意。至於具體如何使用，請所長您來決定吧！」瓦爾特先生大概是在期待，會有什麼樣的嶄新創意誕生吧！

宇宙物理學家林忠四郎捐贈獎金，在京都大學設立了「林基金」，用於學生的獎學金。另一位美國的電腦科學家唐納德·克努特只留下一家人前來領獎所花的旅費，其餘全都捐贈給了加利福尼亞聖克拉拉的地方基金會。

一份善意孕育出了新的善意，善意的連鎖反應真是出乎意料，它帶來無限善的循環與驚喜！

五、盛和塾：傳達「努力、簡單、利他」的理念

一九八〇年，稻盛在京都青年會議所的青年經營塾做了一次演講，在隨後的酒會上，不少年輕的經營者向他懇求說：「到底如何才能成功？請您教我們一些經營的訣竅。」他婉拒說沒有時間，但經不住對方多次要求，稻盛想，如能幫助這些年輕的經營者，不妨與他們多交流，於是就接受了對方的請求。

後來，大家就稻盛為中心開始了學習會，取名「盛友塾」。由於白天稻盛忙於本職工作，只能找晚上的空餘時間，邊飲酒邊交談。但學習一旦開始，年輕的經營者們就非常熱情，提出有關經營的各種問題。稻盛一一回答，他們就像海綿吸水一樣，拼命吸收。

一開始稻盛做說明，並不打算傳授經營技巧。稻盛認為，企業經營在很大程度上取決於領導人所秉持的哲學和理念。對於年輕的經營者們，稻盛只傳授作為領導人應該秉持的「經營哲學」。稻盛確信，只要領導人的見識、器量拓展了，公司自然會蓬勃發展。

到了一九八三年，大阪的經營者們得知此事，提出也要給他們機會。於是，以大阪成立新塾為契機，「盛友塾」更名為「盛和塾」，寓意為企業隆「盛」、人德「和」合，正好也是稻盛名字中的兩個字，稻盛當然名正言順變成「塾長」了。之後在神戶、東京等地也相繼開設了分塾，各地希望入塾的經營者絡繹不絕。

在一個人維持生計都屬不易的現實社會，即使員工只有5人、10人，但要保障他們及其家族的生活，稻盛覺得，這樣的中小企業經營者就已經很了不起。經營者不論公司大小，都要把經營責任一肩扛起，還不能在自己的部下面前顯出軟弱，因而他們處於孤獨的境遇。處境相同的經營者互相傾吐煩惱的場所，就是盛和塾。因為完全沒有利害關係，所以他們對稻盛也能敞開心扉，訴說自己的煩惱。不管能不能馬上獲得解答，這種推心置腹的交流本身，就是最好的激勵。

在稻盛出席的塾長例會上，除了稻盛講話之外，塾生們還會提出他們現在碰到的問題，稻盛時而點評，時而答疑。除了這種反覆的經營問答之外，還有塾生發表經營體驗。結束後，一定會開懇親會，大家促膝暢談。

在經營問答的環節，會突然蹦出這樣一些問題：

「我經營的是一家基礎薄弱的小微企業，由於過度競爭，產品價格下跌。現在我決心進軍海外市場，這時要注意什麼？請您給予指點。」

「我經營的是家族企業，由於家族之間意見不合，溝通不暢，十分苦惱，要怎麼解決這個問題呢？」

「我是公司的第二代經營者，因為顧慮到前任社長和現場的管理人員，公司內部改革舉步維艱，我該怎樣做才好呢？」

「我們公司屬於3K（苦、髒、危）的行業，如果要讓員工具備自豪感，到底我該怎麼做？」

每個問題都很尖銳，稻盛必須認真思考後才能給予答覆。此外，不僅僅有塾長例會，塾生們還會自發地聚集起來，舉辦自主例會，一起討論自己的問題。盛和塾成了一個道場，志同道合的求道者們聚集一堂，切磋琢磨。

隨著各地相繼成立分塾，盛和塾需要在全國展開，因此在一九九一年決定成立全國性組織。在當時的倡議書上，寫道：「經營的精髓在於領導人持有的心性。只要領

過去には感謝を
現在には信頼を
未来には希望を

悟這一精髓，經營者心性提高了，企業經營就一定順暢。全國的經營者們，讓我們集結在一起，立志於提高自己的心性，實現企業的安定和繁榮。」

接下來，塾生們彙聚一堂、開展交流的呼聲高漲。一九九二年，來自全國各地的塾生會集到一起，舉辦了第一屆盛和塾全國大會。全國大會每年都召開一次。到了二○○○年夏天，在大阪召開的第八屆全國大會，已有多達一千百餘名塾生參加。會上有位塾生發表了這樣的經營體驗：

「我從小就嚮往海外，後來遠赴巴西，創立了一家木材公司。然而，由於通貨膨脹和勞務問題，我的夢想破碎了，站在了絕望的邊緣。就在那時，我看到一本日本雜誌上介紹盛和塾的報導，上面寫著稻盛先生的一句話——「只要行做人的正道，宇宙都會來相助。」我苦苦尋覓的就是這個人物！我馬上寫信，請求在巴西開設分塾。沒想到，很快收到稻盛塾長爽快允諾的回信，巴西盛和塾得以成立。那之後，塾長還多次蒞臨巴西指導，令我感激不已。我以塾長宣導的「提高心性　拓展經營」為指針，在亞馬孫的木材加工場每天實踐，經營也終於走上利發展的軌道。」

聽到塾生們作為經營者不斷成長的經歷，稻盛感到無比的欣慰。

不久，盛和塾在臺灣、巴西等地有4家，日本國內有51家。在這些中小企業的經營者中，有61家上市公司和櫃檯市場掛牌公司。此外，在中國大陸也掀起了一陣狂熱，也開始研究稻盛的經營哲學。最多的時候成員約有一萬五千人！

由完全義務發起的盛和塾發展到這種的規模，是稻盛做夢也沒有想到的。但後來他聽說某個國家，有一票（並非少數的）有心人士趁機以「盛和塾」的名義，開始招生，招搖撞騙、謀取暴利。

因此，稻盛和夫在二〇一九年宣布「盛和塾」永久解散，以杜絕弊端！

〔番外篇〕最後の言葉

凡事只要心存感激，就會讓人脫胎換骨，
拋棄愚昧、愚痴，在生活中實現自我，
踏上幸福美滿的人生旅途！

一九七七年（平成九年），稻盛和夫在京都圓福寺完成了剃度出家的宿願，法號「大和」，入門第一件課業就是沿門托鉢。

所謂「托鉢」，就是身著深藍色布衣，頭戴竹笠，赤足穿著草鞋，以行腳僧的打扮造訪信眾的家庭。到了施主的門前，誦念《四弘誓願文》，然後請求施主佈施些米糧，放入肩上的行囊。由於他不習慣這樣的行腳修行，幾天下來，腳趾從草鞋裡擠了出來，擦在瀝青路上滲出血來，無奈把身體重心放在腳跟行走，不一會兒腿肚子又酸痛起來。到了傍晚，他手提沉重的行囊，拖著疲憊的腳步，走上歸途。

這時，一位正在清掃落葉的老婦人，走近他身前說：「您很累了吧，用這錢買個麵包吃吧！」說著，悄悄地施捨他一枚500元的硬幣。錢放在他手上的那一瞬間，不知道為什麼稻盛的內心充滿了無以言表的極致幸福感，眼淚奪眶欲出。這個老婦人看上去並不富裕，但她向稻盛布施時的善良美麗心靈，是稻盛過去的人生中從來沒有體驗過的，那麼清新怡人，那麼純粹自然，是一種貫穿他全身的幸福感。這才是神佛的愛，讓人感動至極。一位清掃落葉的老婦人——成為人間最美的一頁風景！

後來，他又說了幾句話——

「在這個世界上，有人認為積聚財富、獲得地位和名譽才是人生的價值，但是我一直強調：『為社會為世人盡力，是人最高貴的行為。』思善行善，必有善報。思惡行惡，必有惡報。要行善事，就要放下利己心，磨煉心靈，美化心靈。

「命運絕不是固定不變的，隨著當事人的思想與行動的改變，他的人生也不斷改變。佛教把這稱為『因果報應的法則』。只要心存善念，多行善事，這種善念和善事

過去には感謝を
現在には信頼を
未来には希望を

就會成為原因，推動事物朝著好的方向前進。

「當命運走向逆境時，不管做多少好事，也未必立即會出現好的結果。但是，如果從幾十年的人生跨度來看，善舉必有善報。另一方面，無論多麼幸運，多麼得意，都不可忘記謙虛。傲慢不遜就是導致自我衰亡的原因。

「在波瀾萬丈的人生中，無論遭遇怎樣的苦難與逆境，都不要怨恨、不要哀嘆、不要沉淪，而要積極開朗，要坦然接受人生的考驗。只要以純粹之心拼命努力就好。無論面對怎樣的命運，只要抱有感謝之心，積極向上，人生之路一定光明。這是我迎來古稀之年的今天，內心真實的感受。謝謝！」

〈全書終〉

稻盛和夫簡略年譜

・一九三二年（0歲）出生於鹿兒島市藥師町。

・一九三八年（6歲）鹿兒島市立小學西田小學入學。

・一九四四年（12歲）報考鹿兒島第一中學落榜，升入尋常高等小學。

・一九四五年（13歲）因肺浸潤休養在家，其間閱讀了《生命的實相》。聽從導師土井老師的勸説，考上私立鹿兒島中學。家裡的房屋在空襲中被燒毀。

・一九四八年（16歲）升入鹿兒島市高中第三部。為貼補家用，行商賣紙袋。

・一九五一年（19歲）報考大阪大學醫學部藥學科失敗，升入鹿兒島大學工學部應用化學科。

・一九五四年（22歲）經濟不景氣導致就業困難，在竹下教授的介紹下，被松風工業錄用。

- 一九五五年（23歲）鹿兒島大學畢業後，進入京都絕緣子製造公司松風工業工作。從事特殊瓷器（新型陶瓷）的研究。
- 一九五八年（26歲）與上司在技術開發的方針上發生衝突，退出松風工業。得到青山政次部長及其朋友西枝一江先生、交川有先生的支持，決定創辦新公司。與須永朝子結婚。
- 一九五九年（27歲）創辦京都陶瓷株式會社。
- 一九六一年（29歲）以與高中畢業的叛逆員工們的交涉為契機確立經營理念。
- 一九六二年（30歲）第一次海外出差遠渡美國。
- 一九六三年（31歲）新設滋賀蒲生工廠。
- 一九六六年（34歲）大量接受IBM公司IC基板訂單。就任京瓷公司社長。
- 一九六八年（36歲）成功開發取得出口佳績的新型陶瓷材料，獲首屆中小企業研究中心獎。
- 一九六九年（37歲）新設鹿兒島川內工廠，生產IC用多層陶瓷封裝。在美國設立當地法人公司KII。

- 一九七一年（39歲）在大阪證券交易所第二部、京都證券交易所上市。
- 一九七二年（40歲）多層陶瓷封裝的開發，獲大河內紀念生產特等獎。新設鹿兒島國分工廠。
- 一九七三年（41歲）全公司員工去香港旅行。以「Cerchip」的商標銷售陶瓷切割工具。
- 一九七四年（42歲）升入東京證券交易所第一部、大阪證券交易所第一部。因石油危機後的經濟不景氣，向工會提議一年內暫停加薪。
- 一九七五年（43歲）再結晶綠寶石（綠色新月）產品化成功。為了開發太陽能電池，設立日本太陽能株式會社。
- 一九七六年（44歲）發行美國信託證券（ADR）。
- 一九七七年（45歲）完成對蘇聯的成套生產設備的出口貿易。
- 一九七八年（46歲）開始以「Biocelum」的商標，銷售生物陶瓷製人造牙根。
- 一九七九年（47歲）決定援助Trident、Cybernet工業。
- 一九八一年（49歲）由於對陶瓷的發展做出的貢獻，獲得伴紀念名譽獎。

・一九八二年（50歲）合併Cybernet工業，CRESCCENT VERT等4家公司，更名為「京瓷公司」。

・一九八三年（51歲）為了京都年輕經營者，開辦經營塾「盛友塾」（盛和塾的前身）。合併雅西卡公司。

・一九八四年（52歲）投入私人財產建立稻盛財團，就任理事長。由於成功開發大型積體電路陶瓷積層技術獲得紫綬獎章。成立第二電電企畫株式會社，就任會長。

・一九八五年（53歲）因人造股關節等違反藥事法遭到抨擊。第二電電企畫以第二電電（DDI）之名投入運營，取得了第一種電子通信公司事業的營業許可。兼任京瓷會長。舉行首屆京都獎頒獎儀式。

・一九八六年（54歲）專職擔任京瓷會長。DDI開通東京—名古屋—大阪的專用通信線路服務。

・一九八七年（55歲）關西移動通信公司成立。DDI開始對日本大眾提供長途電

話的服務。

- 一九八九年（57歲）收購埃爾科公司。
- 一九九〇年（58歲）合併AVX。以大阪地區開塾為契機，「盛友塾」更名為「盛和塾」。
- 一九九一年（59歲）就任第三次行革審「世界中的日本」支部會長。
- 一九九三年（61歲）DDI在東京證券交易所的第二部上市。
- 一九九五年（63歲）就任京都工商會議所會長。推出PHS服務。AVX在紐約證券交易所再次上市。DDI升為東京證券交易所第一部。
- 一九九七年（65歲）退任京瓷、DDI的會長職務，就任名譽會長。接受胃癌手術。在臨濟宗妙心寺派圓福寺出家（法名「大和」）。
- 一九九九年（67歲）作為調停者促成京都市與京都佛教會的和解。
- 二〇〇〇年（68歲）援助三田工業，創辦京瓷美達公司。DDI、KDD、IDO合併為KDDI，就任名譽會長。
- 二〇〇一年（69歲）退任京都工商會議所會長，就任名譽會長。就任KDDI最高顧問。

- 二〇〇二年（70歲）在美國戰略國際問題研究所（CSIS）設立「阿卜謝亞・稻盛領導者學院」。
- 二〇〇三年（71歲）設立盛和福祉會、稻盛福祉財團。
- 二〇〇四年（72歲）被中日友好協會授予「中日友好的使者」稱號。開設「京都大和之家」。
- 二〇〇五年（73歲）卸任京瓷董事長。
- 二〇〇七年（75歲）在美國凱斯西儲大學設立「倫理與睿智的稻盛國際中心」。
- 二〇〇九年（77歲）在法國召開的「世界企業家論壇」中榮獲「世界企業家獎」。
- 二〇一〇年（78歲）就任日本航空會長。
- 二〇一一年（79歲）被美國化學遺產基金會授予「二〇一一年奧斯默獎章」。
- 二〇一二年（80歲）僅用了兩年八個月的時間改造，日本航空公司重新上市。

・二〇一三年（81歲）　就任日本航空公司名譽會長。被京都大學授予「名譽校董」稱號。

・二〇一四年（82歲）　舉辦京都三所大學共用的教育基地——「稻盛紀念會館」竣工儀式。

・二〇一五年（83歲）　就任日本航空名譽顧問。

・二〇一七年（85歲）　向鹿耳島大學捐贈一百萬股京瓷公司股票。

・二〇一八年（86歲）　將京都獎獎金由五千萬日元，提高到一億日元。

・二〇二二年（90歲）　八月二十四日於京都家中安然離世。

國家圖書館出版品預行編目資料

經營之聖稻盛和夫／比雅久和編著；初版－新北市；新潮社文化事業有限公司，2024.01
面；　公分
ISBN　978-986-316-893-5（平裝）
1.CST: 稻盛和夫　2.CST: 企業經營　3.CST: 成功法

494　　112017880

經營之聖稻盛和夫

比雅久和　編著

【策　劃】林郁
【制　作】天蠍座文創
【出　版】新潮社文化事業有限公司
電話：(02) 8666-5711
傳真：(02) 8666-5833
E-mail：service@xcsbook.com.tw

【總經銷】創智文化有限公司
新北市土城區忠承路 89 號 6F（永寧科技園區）
電話：(02) 2268-3489
傳真：(02) 2269-6560

印前作業　菩薩蠻電腦科技有限公司
印刷協力　福霖印刷企業有限公司

初　　版　2024 年 01 月